U0271909

新型职业农民培育系列教材

农业政策
与法律法规

秦关召　绽自珍　主编

中国农业科学技术出版社

图书在版编目（CIP）数据

农业政策与法律法规／秦关召，绽自珍主编．—北京：中国农业
科学技术出版社，2015.7

ISBN 978－7－5116－2140－5

Ⅰ.①农…　Ⅱ.①秦…②绽…　Ⅲ.①农业政策－基本知识－中国
②农业法－基本知识－中国　Ⅳ.①F320②D922.4

中国版本图书馆 CIP 数据核字（2015）第 127045 号

责任编辑	白姗姗
责任校对	贾海霞

出 版 者	中国农业科学技术出版社
	北京市中关村南大街 12 号　邮编：100081
电　　话	（010）82106638（编辑室）　　（010）82109704（发行部）
	（010）82109709（读者服务部）
传　　真	（010）82106650
网　　址	http://www.castp.cn
经 销 者	各地新华书店
印 刷 者	北京建宏印刷有限公司
开　　本	850mm×1 168mm　1/32
印　　张	8
字　　数	200 千字
版　　次	2015 年 7 月第 1 版　2020 年 8 月第 7 次印刷
定　　价	29.80 元

《农业政策与法律法规》
编 委 会

主　编　秦关召　　绽自珍

副主编　陈中建　　倪德华　　金小燕　　李义东

　　　　　喻旺元　　陈文勇　　刘松柏　　李振红

　　　　　孙永涛　　淡育红　　陈敬莉　　王淑丹

　　　　　宋会萍　　高金霞　　郑三忠　　王爱萍

前　言

为了巩固和加强农业在国民经济中的基础地位，深化农村改革，发展农业生产力，推进农业现代化，维护农民和农业生产经营组织的合法权益，增加农民收入，必须提高职业农民科学文化素质，让新型职业农民了解我国有关法律的基本精神、农村政策法规的主要内容，增强社会主义法制观念和法律意识，真正做到学法、懂法、用法，为提高农民素质、提升农村生产力、改善农村环境、促进农业发展方式转变等提供帮助。

本书主要从农业政策与法规概述、稳定和完善农村基本经营制度政策法规、农村可持续发展政策法规、农村社会化服务政策法规、农民增收减负及农业支持政策法规、农村土地承包政策法规、农村社会保障政策法规、农业生产资料生产与经营、农村基础设施建设及耕地保护政策法规、我国宪法规定的基本制度、我国的实体法律制度、我国的程序法律制度等方面进行论述。

本书语言通俗易懂、理论联系实际，既可作为新型职业农民培育专用教材，也可作为农村基层管理人员和乡镇管理人员及大学生村官阅读使用也适用于从事"三农"问题研究的人员和相关专业的学生阅读。

由于编写者水平有限，书中尚有不足和不妥之处，恳请广大读者批评指正。

编者

目　录

第一部分　农业政策

第二部分　法律法规

第一部分　农业政策

第一章　农业政策与法规概述

第一节　农业政策

政策是国家、政党为实现一定历史时期的路线和任务而规定的行动准则。

一、农村政策的概念

政策是国家、政党为实现一定历史时期的路线和任务而规定的行动准则。

农村政策，是根据党的路线、方针和原则，为了发展农业生产和农村经济，由国家职能部门制定的激励和约束农村各种经济活动的行动准则。

农村政策一贯是党和国家指导、推动农业发展和改革的基本手段。目前，党在领导农村改革的实践中，已逐步形成了一系列基本政策，主要是：实施以家庭联产承包为主的责任制，建立统分结合的双层经营管理体制的政策；以公有制经济为主体，允许并鼓励其他经济成分适当发展的政策；在确保粮食增产的同时，积极发展多种经营，鼓励和引导乡镇企业健康发展的政策；实行科教兴农的政策；多渠道农业投资体系的政策；推进农产品流通体制改革的政策；扶持老少边穷地区脱贫致富的政策等。这些基本措施适应我国现阶段农村生产力发展水平，经过实践证明都是非常成功的政策，深受广大农民群众的欢迎。

二、政策的概念和特征

为了实现社会、经济、政治、文化等方面的发展目标，政府可以凭借其权力，通过政策来规范个人、家庭、企业、社会团体的行为，包括政府部门的行为。正因为如此，我们有时将为了实现政策目标而采取的措施和行政也包括在政策范畴之中，由于人们所处的社会地位不同，政府政策与不同人群利益的关联度有所区别，同一政策所造成的影响也不一样，不同的人会从不同的角度认识政策并试图在力所能及的范围内影响政策的制定和执行。因此，一项具体政策的制定、执行和检查修正过程是个人、家庭、企业、社会团体和政府机构相互活动的结果，其中，政府行为占据主导地位。

政策的特征：①原则性；②系统性；③实践性；④阶段性；⑤自身内容上的纲领性；⑥工作范围的广泛性；⑦具体应用上的灵活性；⑧政策效力上的有限性。

三、农业政策对农业发展的作用

在现代经济社会里，政策具有重要的地位和作用。我国农业发展的经验已经充分说明，发展农业"一靠政策，二靠科技，三靠投入"，政策是影响农业发展的重要因素。具体来说，政策对农业发展的作用表现在如下方面：①指导作用，即通过确定农业发展的客观方向，为微观主体提供宏观指导；②协调作用，即协调农业发展过程中的各种利益关系和矛盾；③激励作用，即通过政策调动，保护农民的积极性；④调控作用，即通过各种政策实现政府对农业发展的宏观调控。如产业政策、财政政策、信贷政策、价格政策、税收政策、投入政策等；⑤约束作用，即政策对经营主体的行为所形成的某种限制。如环保政策、农田保护政策等。

第二节 农业法规

农业法规是指由国家权力机关、国家行政机关以及地方机关制定和颁布的，适用于农业生产经营活动领域的法律、行政法规、地方法规以及政府规章等规范性文件的总称。

目前，我国的农业法规体系已经基本形成，可以分为以下几个方面。

一、农业基本法规

主要指《中华人民共和国农业法》（以下简称《农业法》）。

1993 年 7 月 2 日第八届全国人大常委会第二次会议通过了《农业法》，以法律的形式，把十一届三中全会以来关于农业发展的一系列行之有效的大政方针进一步规范化、法律化。这是中国农业发展史上第一部农业大法。2002 年 12 月 28 日九届全国人大常委会第 31 次会议对《农业法》重新进行修订，并于 2003 年 3 月 1 日起施行。农业法修改制定，体现了"确保基础地位，增加农民收入"的总体精神，对保障农业在国民经济中的基础地位，发展农村社会主义市场经济，维护农业生产经营组织和农业劳动者的合法权益，促进农业的持续、稳定、协调发展，实现农业现代化，起到了重要作用。

二、农业资源和环境保护法

包括《中华人民共和国土地管理法》《中华人民共和国森林法》《中华人民共和国草原法》《中华人民共和国渔业法》《中华人民共和国水法》《中华人民共和国水土保持法》《中华人民共和国水污染防治法》《中华人民共和国野生动物保护法》《中华人民共和国防沙治沙法》等法律，以及《基本农田保护条例》《草原防火条例》《中华人民共和国水产资源繁殖保护条例》《中华人民共和国野生植物保护条例》《森林采伐更新管理办法》《野生药材资源保护管理条例》《森林防火条例》《森林病虫害防治条例》《中华人民共和国陆生野生动物保护实施条例》等行政法规。

三、促使农业科研成果和实用技术转化的法律

包括《中华人民共和国农业技术推广法》《中华人民共和国植物新品种保护条例》《中华人民共和国促进科技成果转化法》等法律及行政法规。

四、保障农业生产安全方面的法律

包括《中华人民共和国防洪法》《中华人民共和国气象法》《中华人民共和国动物防疫法》《中华人民共和国进出境动植物检疫法》等法律，以及《农业转基因生物安全管理条例》《水库大坝安全管理条例》《中华人民共和国防汛条例》《蓄滞洪区运用补偿暂行办法》等行政法规。

五、保护和合理利用种质资源方面的法律

包括《中华人民共和国种子法》《种畜禽管理条例》《农药管理条例》《兽药管理条例》《饲料和饲料添加剂管理条例》等。

六、规范农业生产经营方面的法律

包括《中华人民共和国农村土地承包法》《中华人民共和国乡镇企业法》《中华人民共和国乡村集体所有制企业条例》《中华人民共和国农民专业合作社法》（以下称《农民专业合作社法》）等。

七、规范农产品流通和市场交易方面的法律

包括《粮食收购条例》《棉花质量监督管理条例》《粮食购销

违法行为处罚办法》等行政法规。

八、保护农民合法权益的法律

为保护农民合法权益制定了《中华人民共和国村民委员会组织法》《中华人民共和国耕地占用税暂行条例》。

第三节 农业政策与农业法规的关系

农业政策和农业法规是国家稳定和管理农业经济发展的两种基本手段。

法律和政策是国家调整、管理社会的两种基本手段，二者各有所长，各有所短。农业的发展必须综合运用多种手段进行调控。中外农业的发展历史表明，适应农业生产力发展要求的政策对农业的发展具有决定性作用，而政策的有效实施，需要运用法制手段和法律形式来保证，否则难以产生应有的效果。

一、农业政策与农业法规的联系

1. 农业政策与农业法规在本质上是一致的

政策与法规有共同的价值取向，它们都服务于社会主义的经济基础，都必须由社会的物质生活条件所决定；它们都是社会主流意志和要求；在我国，它们体现的是广大人民群众的意志和要求。它们所追求的社会目的相同，基本内容一致。

2. 政策是法规的核心内容，法规是政策的体现

农业法规是在党和国家农业政策的指导下制定的，体现党和国家关于农业政策的主要精神和内容。法规使政策的原则性规定具体化、条文化、定型化，为政策提供法律机制的支持，保证政策的国家意志性质。例如，我国《农业法》是以《中共中央关于进一步加快农业和农村工作的决定》和党的"十四大"通过的有关文件为指导，充分肯定 15 年来农村改革的成功经

验和基本政策的基础上制定的，在《农业法》总则和各章条款中充分体现着农业政策的内容。

3. 法规对政策的实施有积极的促进和保障作用

法律的特性决定了它具有其他规范难以比拟的制约、导向、预见、调节和保障功能。因此，充分利用法律的这些功能，把经过实践检验的有益的农业政策上升为法律，使它们的实施能得到党的纪律和国家强制力的双层保障，从而得到更好地贯彻。

二、农业政策与农业法规的区别

1. 制定组织与程序不同

农业法规只能由具有立法权的国家机关依据法定程序来制定，体现的是国家和广大人民的意志，而农业政策是由党的领导机关和国家相关机构根据民主集中制原则制定的。

2. 实施方式不同

法律是由国家强制力来保证实施的，不遵守、不执行或执行不当就是违法，就要负法律责任，受到法律制裁。而政策主要靠党或者政府行政的纪律、模范人物的带头作用和人民群众的信赖来实现。政策约束力不如法律，政策执行与否、执行好坏，通常很难有进行判断的量化指标和追究责任的标准。

3. 表现方式不同

政策主要以党或国家的决议、决定、通知、规定、意见等党内文件等形式表现出来。法则是表现为宪法、法律、行政法规等形式。政策往往规定得比较原则，带有号召性和指导性，较少有具体、明确的权利和义务规定。法主要由规则构成，具有高度的明确性、具体性，有严格的逻辑结构。法律必须是公开的，而政策不完全是公开的。

4. 农业政策具有灵活性，农业法规具有相对稳定性

农业政策往往是为完成一定任务提出的，它要随形势的变化不断做出调整，在制定和实施中都具有较大的灵活性、较快的变动性。而法律具有较高的稳定性，法律的立、废、改必须遵循严格的法定程序，法律的变动不可能像政策那样频繁，这是法律具有较高权威性的程序性保证。

三、农业政策与农业法规的辩证统一

1. 理论上要提高认识

政策与法规都是国家调控和管理农业的重要工具和手段，相辅相成。但是由于农业政策与农业法规的特点不同，作用不同，不能互相替代。政策与法规是在功能上互补的两种社会调整方式，既要依靠政策，也要依靠法律。依靠政策指导法律、法规的正确制定和实施，依靠法律、法规保证政策稳定和有效实施。

2. 正确处理政策与法规的关系

政党行为的法律化是依法治国的必然要求，政党应在宪法和法律范围内进行执政，这意味着制定政策不能违背宪法和法律。因此在实践中，需要坚持：有法律规定的，应依法办事和执行；无法律规定、但有政策规定的，应依政策办事和执行；政策与法律有冲突的，应依法办事和执行。如果发现法律法规不符合当前实际情况，应当及时修改、补充、完善。一般情况下，先由中央出台纲领性政策文件，再以该政策文件来决定原法律法规的废除或修改完善，来指导新法律法规的正确制定和实施。

第二章　稳定和完善农村基本经营制度政策法规

第一节　稳定完善双层经营体制

一、实行农村土地家庭承包经营制度

（一）家庭联产承包责任制概念

家庭联产承包责任制是 20 世纪 80 年代初期中国大陆在农村推行的一项重要的改革，是农村土地制度的重要转折，也是现行中国大陆农村的一项基本经济制度。家庭联产承包责任制是指农户以家庭为单位向集体组织承包土地等生产资料和生产任务的农业生产责任制形式。其基本特点是在保留集体经济必要的统一经营的同时，集体将土地和其他生产资料承包给农户，承包户根据承包合同规定的权限，独立作出经营决策，并在完成国家和集体任务的前提下分享经营成果。一般做法是将土地等按人口或劳动力比例根据责、权、利相结合的原则分给农户经营。承包户和集体经济组织签定承包合同。家庭联产承包责任制是中国农民的伟大创造，是农村经济体制改革的产物。

我国农村普遍实行家庭联产承包责任制后，发挥了集体的优越性和个人的积极性，使其既能适应分散经营的小规模经营，也能适应相对集中的适度规模经营，因而促进了劳动生产率的提高以及农村经济的全面发展，提高了广大农民的生活水平。为了进一步加强农业的基础地位，我国将继续长期稳定并

不断完善以家庭承包经营为基础、统分结合的双层经营体制。依法保障农民对土地承包经营的各项权利。农户在承包期内可依法、自愿、有偿流转土地承包经营权，完善流转办法，逐步发展适度规模经营。实行最严格的耕地保护制度，保证国家粮食安全。按照保障农民权益、控制征地规模的原则，改革征地制度，完善征地程序。严格界定公益性和经营性建设用地，征地时必须符合土地利用总体规划和用途管制，及时给予农民合理补偿。

（二）家庭联产承包责任制的具体形式

是指农户以家庭为单位向集体组织承包土地等生产资料和生产任务的农业生产责任制形式。

1. 包干到户

各承包户向国家缴纳农业税（2005 年 12 月 29 日，第十届全国人大常委会第十九次会议决定，2006 年 1 月 1 日起废止农业税条例，标志着具有 2 600 多年历史的农业税正式退出历史舞台），交售合同定购产品以及向集体上缴公积金、公益金等公共提留，其余产品全部归农民自己所有。

2. 包产到户

实行定产量、定投资、定工分，超产归自己，减产赔偿。目前，绝大部分地区采用的是包干到户的形式。家庭联产承包责任制是我国农村集体经济的主要实现形式。主要生产资料仍归集体所有；在分配方面仍实行按劳分配原则；在生产经营活动中，集体和家庭有分有合。

二、完善双层经营，壮大集体经济实力

（一）提高家庭经营的集约化水平

随着我国工业化、城镇化、市场化、信息化的推进，随着现代农业的发展，农村基本经营制度也需要与时俱进、不断完

善。家庭经营要向采用先进科技和生产手段方向转变，增加技术、资本等生产要素投入，着力提高集约化水平。在我国经济发展历史上，自给自足的自然经济曾长期居于主体地位。中华人民共和国成立后，我们又长期实行计划经济，商品生产和商品交换始终没有得到充分发展。实行土地家庭承包制、鼓励发展商品生产，不过短短 30 年时间。从目前全国农民家庭经营水平来看，我国农村在很大程度上仍处于自然经济半自然经济状态，农民生产的粮食等农产品，相当大一部分用于自己消费，商品率依然很低。生产的商品化、社会化，只是在少数农业发达地区才得到一定发展。当生产的目的主要不是为了交换，而主要是为了满足自己的需求时，农业就不可能成为一个现代化的产业，农业劳动生产率就只能停留在一个很低的水平上，农民也就不可能获得同从事第二、第三产业的社会成员相同的收入水平。

提高家庭经营的集约化水平，除了扩大土地经营规模外，围绕着改造传统农户、培育现代农业经营主体，要广泛开展多种形式的农民培训，着力提高农户融资经营能力、科技应用能力、机械使用能力和开拓市场能力。另一个方向就是通过发展高效农业，调整农业种植结构，提高土地产出率。如在设施农业比较集中的地区，科技投入和物质投入大幅增加，生产标准化水平迅速提高，农产品出口竞争力不断增强。在这样的地区和农户，家庭经营已经摆脱延续了几千年的自然经济，开始融入市场经济大潮，家庭经营变成家庭农场，迈上了农业现代化的轨道。

（二）坚持农村基本经营制度

我国经济体制改革的总体目标是建立社会主义市场经济体制。农村基本经营制度与社会主义市场经济体制的要求相适应，是市场经济体制的重要组成部分。这种适应性集中体现在确定了家庭的市场主体地位和通过农户之间的联合以提高竞争力两个方面。土地家庭承包经营是农村基本经营制度的基础，赋予了农户以充分的经营自主权，包括生产什么、生产多少、产品如何出售以及盈亏责任，全部由农户自主决定、自担风险。这就使农户作为一个独立的商品生产经营者，其积极性被充分调动起来。与此同时，农户之间在技术标准、商品品牌、加工储运、购销服务等方面发展统一经营，与家庭经营之间形成两个层次的互相补充、相辅相成，才能有效弥补家庭经营势单力薄、缺乏竞争力的不足，避免被市场的汪洋大海所吞没，从而真正巩固农户的市场主体地位。所以，农村基本经营制度的两个层次都是社会主义市场经济体制的基本要求。

农村基本经营制度是党的各项农村政策的基石，其全面贯彻落实，对农业生产发展具有决定性意义。党在农村的其他各项制度，如土地管理制度、财政扶持制度、促进城乡发展一体化制度、现代农村金融制度、农村民主管理制度等，都应与农村基本经营制度相适应，才能有利于促进农村基本经营制度的巩固和完善，以形成协调一致、健全高效的农村经济制度体系，在推动农业和农村发展中发挥重要作用。

（三）提高统一经营的组织化程度

如果把市场经济比喻为波涛汹涌的大海，那么小规模的家庭经营就如大海上的一叶小舟，很难经受住风浪的冲击。农户只有联合起来，才能抗御市场风险，才能提高市场占有率，这样的看法，已在世界各国形成广泛共识。几乎所有的发达国家，农户之间的联合和合作都得到了充分发展。对比我国农村，土地家庭承包制里调动了农户的积极性，但由于社会化服务体系迟迟没有建立起来，统一经营层次成为农村经营体制突出的薄弱环节。农产品卖难和价格大起大落的问题长期得不到解决，加工和出口发展缓慢。因此，发展和完善农户的统一经营，围绕提高农业生产的组织化程度，发展集体经济，增强集体组织服务功能，培育农民新型合作组织，发展各种农业社会化服务组织，加快健全乡镇或区域性农业技术推广、动植物疫病防控、农产品质量监管等公共服务机构。培育多元化的农业社会化服务组织，支持农民专业合作组织、供销合作社、农民经纪人、龙头企业等提供多种形式的生产经营服务。积极发展农产品流通服务，加快建设流通成本低、运行效率高的农产品营销网络。鼓励龙头企业与农民建立紧密型利益联结机制。

第二节　农村集体经济组织

一、农村集体经济组织概述

农村集体经济组织，是指以农民集体所有的土地、农业生产设施和其他公共财产为基础，以主要自然村或行政村为单位建立的，从事农业生产经营的经济组织。目前，各地的农村集体经济组织的形式有农工商总公司、股份合作制等。农村经济组织应当在家庭承包经营的基础上，依法管理集体资产，为其成员提供生产、技术、信息等服务，组织合理开发、利用集体资源，壮大经济实力。

二、发展壮大农村集体经济组织

（一）促进集体资产的保值增值

乡村集体经济组织作为农村集体资产管理的主体，要健全产权登记、财务会计、民主理财、资产报告等项制度，把集体所有的资产全部纳入管理范围之内。

1. 加强农村集体资产的评估管理工作

集体资产实行拍卖、转让或实行资产增值承包经营、租赁经营、股份经营、联营、中外合资、合作经营以及企业歇业清算、破产清算时，必须进行资产评估，并以评估价值作为所有权或使用权转让的依据。评估集体资产应由取得资产评估资格证书的农村集体资产评估机构和其他社会评估中介机构进行。各地必须按规定程序设立农村集体资产评估机构，经批准并取得农村集体资产评估资格证书开展评估业务。

2. 认真开展农村集体资产清产核资和产权登记工作

清产核资是集体资产管理的一项基础性工作。清产核资的主要任务是：清查资产，界定资产所有权，重估资产价值，核实资产，登记产权，建章立制。要认真搞好产权登记工作，凡占有、使用集体资产的企业和单位都应向本级集体经济组织申报，办理产权登记手续。要制定《农村集体资产清产核资办法》《农村集体资产产权界定办法》等政策或规章，使这项工作走上法制轨道。

3. 加强对农村集体经济和合作经济的财务管理和审计工作

各级农经主管部门要会同有关部门切实加强对农村集体经济组织财务管理和审计工作的指导和管理。要按民主理财的原则，加强农村集体经济组织财务、会计制度的建设。对集体经济组织和集体资产占用单位，原则上每年都要进行一次全面审计，并根据需要不定期地进行专项审计。要加强农村集体经济审计队伍的建设，建立健全规章制度，使这项工作逐步做到规范化、制度化。农村合作经济组织要按照国家新制定的《村集体经济组织会计制度》的要求，做好账改培训工作。

（二）建立适应社会主义市场经济要求的运行机制

1. 加大农村集体资产管理体制综合改革的力度

加大农村集体资产管理体制综合改革的力度，加快建立集体资产管理新体制通过综合改革建立乡（镇）和村集体经济组织分级所有，乡镇企业和农户自主经营，党和政府部门指导监管的农村集体资产管理新体制。针对政社不分、集体经济组织不健全和企业转制后集体资产监管不力的问题，把建立健全代表全乡（镇）和村农民行使集体资产所有权的集体经济组织作为首要的工作目标，进一步完善集体经济的组织机构设置和配套的政策。

2. 积极探索农村集体经济多种有效实现形式

要尊重农民群众首创精神，鼓励和支持农村新经济组织，按照"产权清晰、权责明确、政企分开、管理科学"的要求，采取股份制、股份合作制、企业集团、资产增值承包、租赁拍卖、兼并、中外合资、合作经营等多种形式，搞活集体资产经营，建立与市场经济相适应的运行机制。同时，要积极引导农民群众和个体私营经济在自愿互利的基础上，采取多种联合和合作方式，发展新的集体经济。

3. 完善、规范乡村集体企业转制经营机制的工作

以转换企业经营机制，建立现代企业制度，优化企业结构为目标，继续做好集体企业的转换经营机制工作。对尚未转换经营机制的重点骨干企业，要引导其按照现代企业制度的要求，通过组建集体控股的企业集团、有限责任公司和实行资产增值承包责任制等形式转换企业经营机制。

（三）农村集体经济组织产权制度改革

1. 农村集体经济组织产权制度改革的目标要求

推进以股份合作为主要形式，以清产核资、资产量化、股权设置、股权界定、股权管理为主要内容的农村集体经济组织产权制度改革，建立"归属清晰、权责明确、利益共享、保护严格、流转规范、监管有力"的农村集体经济组织产权制度，明确农村集体经济组织的管理决策机制、收益分配机制，健全保护农村集体经济组织和成员利益的长效机制，构建完善的农村集体经济组织现代产权运行体制。

2. 严格农村集体经济组织产权制度改革的程序

（1）制订方案。实行改革的村集体经济组织要建立在村

党组及村委会领导下的，由村集体经济组织负责人、民主理财小组成员和村集体经济组织成员代表共同组成的村集体经济组织产权制度改革领导小组和工作班子，组织实施改革工作。领导小组拟订的改革具体政策和实施方案，必须张榜公布，经村集体经济组织成员大会 2/3 以上成员同意后通过，报县（市、区）级人民政府备案。

（2）清产核资。由县乡农村经营管理部门和产权制度改革领导小组联合组成清产核资小组，对村集体经济组织所有的各类资产进行全面清理核实。要区分经营性资产、非经营性资产和资源性资产，分别登记造册；要召开村集体经济组织成员大会，对清产核资结果进行审核确认。对得到确认的清产核资结果，要及时在村务公开栏张榜公布，并上报乡（镇）农村经营管理部门备案。在进行清产核资的同时，要依照相关政策法规妥善处理"老股金"等历史遗留问题。

（3）资产量化。在清产核资的基础上，合理确定折股量化的资产。对经营性资产、非经营性资产以及资源性资产的折股量化范围、折股量化方式等事项，提交村集体经济组织成员大会讨论决定。

（4）股权设置。各地根据实际情况由村集体经济组织成员大会讨论决定股权设置。原则上可设置集体股、个人股。集体股是按照集体资产净额的一定比例折股量化，由全体成员共同所有的资产，集体股所占总股本的比例由村集体经济组织成员大会讨论决定，也可以根据实际情况不设立集体股；个人股按集体资产净额的总值或一定比例折股量化，无偿或部分有偿地由符合条件的集体经济组织成员按份享有。

（5）股权界定。股份量化中股权分配对象的确认、股权配置比例的确定，除法律、法规和现行政策有明确规定外，要张榜公布，反复协商，并提交村集体经济组织成员大会民主讨论，经 2/3 村集体经济组织成员通过后方可实施。

（6）股权管理。集体资产折股量化到户的股权确定后，要及时向股东出具股权证书，作为参与管理决策、享有收益分配的凭证，量化的股权可以继承，满足一定条件的情况下可以在本集体经济组织内部转让，但不得退股。同时，村集体经济组织要召开股东大会，选举产生董事会、监事会，建立符合现代企业管理要求的集体经济组织治理结构。

（7）资产运营。产权制度改革后，村集体经济组织可以选择合适的市场主体形式，成立实体参与市场竞争，也可以选择承包、租赁、招标、拍卖集体资产等多种方式进入市场。要以市场的思维、市场的方式参与市场竞争，管理集体资产，提高运营效率，增加农民收入，发展集体经济。

（8）收益分配。改制后的集体经济组织，按其成员拥有股权的比例进行收益分配。要将集体经济组织收益分配到人，确保农民利益。改制后集体经济组织的年终财务决算和收益分配方案，提取公积金、公益金、公共开支费用和股东收益分配的具体比例由董事会提出，提交股东大会或村集体经济组织成员大会讨论决定。

（9）监督管理。完成产权制度改革的村集体经济组织，要及时制定相应的股份合作组织章程，实行严格的财务公开制度；要发挥监事会的监督管理作用，保障村集体经济组织成员进行民主管理、民主决策、民主监督，保障村集体经济组织成员行使知情权、监督权、管理权和决策权；各级农村经营管理部门要加强对农村集体经济组织的业务指导，开展审计监督管理。

3. 农村集体经济组织产权制度改革的必要性

农村集体经济组织产权制度改革是我国农村城镇化和工业化发展新形势下，生产力发展对生产关系调整提出的要求。近年来，农村特别是城郊结合部和沿海发达地区集体经济组织资产及其成员都出现了新的变化，农村集体经济组织成员转为城镇居民增多，流动人口进入较富裕地区增多，部分地区村集体经济组织成员构成日趋复杂。同时，在城镇化进程中，原集体经济组织征地补偿费、集体不动产收益在集体成员中的分配问题、原集体经济组织成员对集体资产的权益及份额等问题凸显出来，需要通过农村集体经济组织产权制度改革来加以明晰及妥善解决。

第三节　实现现代农业产业规模化

党的"十八大"明确提出，坚持和完善农村基本经营制度，发展多种形式规模经营，构建集约化、专业化、组织化、社会化相结合的新型农业经营体系。这为我国现代农业发展指明了方向。然而目前，我国一些地方在农业的规模化问题上从认识到实践都存在一些误区。一方面，盲目学习西方农业规模化经营做法，生搬硬套西方规模化发展模式，另一方面，从革命党向执政党角色转换尚不到位，军事化思维的惯性还在作祟。在这两种因素的共同作用下，认为现代农业规模化就是土地的规模化，土地的规模化就是土地集中度越高越好，土地集中度越高代表现代化程度就越高。以致形成不顾客观实际大面积推进土地规模化热潮。诚然，只有规模化才便于机械化、标准化、现代化，才能提高效率，但现代农业规模化内容丰富，涵盖面广，土地规模化仅仅是其中一个方面，也并非是必要条件。日本等一些人多地少的国家，小规模家庭经营，同样可以建成现代农业，实现农业现代化。因此，我国人多地少的基本国情，决定了现代农业在规模化问题上不能只在土地上动脑筋，土地只能适度规模，需要特别狠下功夫的应在以下5个方面。

一、产业布局的规模化

推进现代农业产业布局规模化，便于公益性、社会化服务，便于生产经营管理，有利于发展区域特色产业，有利于形成区域品牌，增强核心竞争力。当前，我国各地按照工业反哺农业、城市支持农村和多予少取放活方针，着力推进城乡产业规划一体化，根据当地的资源禀赋，科学合理配置空间布局，谋划一批现代农业示范园区。但一些地方产业布局缺乏科学谋划，发展的产业过多，重点不突出，散乱零碎，规模太小，形不成拳头。在园区的经营上，不少地方还采用"大园区、大业主"贪大求洋的惯性思维，这是一个误区，中国现代农业必须走"大园区、小业主"的发展路子，才是符合国情的好途径。20世纪60～70年代，我国一大二公的人民公社体制，实际上就是实行"大面积、大业主"的发展模式，农民没有自主经营权，生产积极性受到严重影响，形成农业生产的"大呼隆"，劳动生产率和土地产出率低下。目前，许多城市大公司大企业到农村盲目圈地建"大园区""大基地"，自己当大业主，极易导致4个后果。一是容易产生"挤出效应"，使绝大多数靠家庭经营的农民无力竞争，增收更难。二是在"带动"农民的同时，也"代替"了农民，农民成为雇工，使农民无法参与农业的经营管理，生产的积极性、主动性和创造性严重受阻。三是农业是弱势产业，比较效益较低，企业规模经营又要大量雇佣农业工人，进一步降低收益，大大增加企业的经营风险。四是一旦公司不干了，或出现风险，被流转了土地的农民收益没了，在公司打工的机会也没了，他们的后顾之忧难以解决。"公社+社员"是政府在种地，"公司+农户"是企业在种地，政府种不好地，企业同样种不好地，种地的必须是农民自己。因此，我国现代农业产业布局，应按照宜种植则种植、宜养殖则养殖、宜林则林、宜加工则加工、宜旅游则旅游等原则，谋划建设一批产业特色鲜明、带动农民增收、竞争力强的大园区，形成差异化布局、区域性优势的格局。在大园区中重点扶持新型职业化农民、专业大户、家庭农场、合作社等新型经营主体，大力支持帮助农户与农户发展多种形式的联合与合作，引导龙头企业与农户、合作社建立合理的利益联结机制，走出一条"大园区、小业主"的现代农业发展之路。

二、产业链条的规模化

发达国家已普遍进入后现代农业时代，如果还把农业局限于"一产"，农业就会钻入死胡同，必须用现代理念构建一个上中下游一体，一二三产融合，产供销加互促的多功能复合型产业链条。从更宏观层面上看，这一产业链条的打造，也是统筹城乡发展、逐步改变城乡二元经济结构，促进工业化、信息化、城镇化和农业现代化四化同步的必由之路。目前，我国各地农业产业链条过短，农产品生产的关键技术和加工的研发技术等十分滞后，产品销售还主要以"原"字号为主，农产品加工特别是精深加工严重不足，营销能力尤其落后，巨大的增值空间还没有打开。千方百计拉长产业链，努力构建从生产起点到消费终端的完整产业链条，应是我国现代农业未来发展的方向。就工业生产而言，一个完整的产业链通常包括生产制造、产品设计、原材料采购、订单规划、商品运输、产品零售等诸多环节。其中，生产制造环节附加值最低。中国作为"世界工厂"主要从事的是产业链最低端的制造业，生产8亿条裤子才能换回一架空客A380飞机。农业的完整产业链条也同样包含这些环节。要获得更高的农业效益，除了生产种植，更要获取设计、包装、加工、仓储、运输、销售、研发等后续产业链条中的高附加值。上海崇明岛前卫村，只有5 000亩地（15亩＝1公顷。全书同），以生态农业为核心，综合打造种植业、养殖业、农产品加工业、新能源及乡村旅游等产业，构建起完整的产业链条，村民人均年收入达到16万元之巨。未来，各地应加大招商引资力度，引导城市资金、技术、人才等生产要素向农村流动，重点鼓励城市工商企业到农村建立优质农产品生产加工基地，支持农产品精深加工关键技术研发，大力发展农产品精深加工业，同时，精心打造农产品从包装设计、贮藏运输、订单处理、批发经营到终端零售等产业链条各个环节，努力构建完整的产业链条，从而不断提高农业生产力和劳动生产率，让农民更多地贡献农产品增值收益。

三、组织的规模化

提高农民组织化程度，不仅可以降低农业的交易成本，提升农民在市场中的谈判地位，同时还能够增强农民抵御来自自然的、社会的、政策的、市场的等种种风险的能力。世界各国农业发展经验也表明，将农业生产者组织起来是建设现代农业必然选择。美国农业合作社对内为其社员提供物资与资金、组织经营管理等，对外帮助输出劳务和销售农副产品等，有效地够避免了市场风险、保护了农民利益。日本农协在政府财力物力支持下，通过其遍及全国的机构和广泛的业务活动，同农户建立了各种形式的经济联系，在产前、产中、产后诸环节上使小农户同大市场成功对接，在有效阻止商业资本对农民的盘剥、保护农民利益方面发挥了举足轻重的作用。连封建皇帝都十分重视让农民组织起来，1898 年，清朝光绪皇帝曾颁布上谕要求全国各州、府、县力推农会。近年来，我国农民专业合作组织，特别是合作社实现了快速发展。资本的力量来自钱的集合，钱多势众；组织的力量来自人的集合，人多自然也势众。当前，一些地方通过农民专业合作组织，实行"六统一分"把分散的种植、养殖农户组织起来，进行标准化生产，实现规模化经营的路子值得借鉴和大力推行。"六统一分"即：统一优良品种、统一投入品配送、统一疫病防控、统一机械化作业、统一技术标准、统一市场营销、分户适度规模种植养殖。这其中重要的一条就是政府要创造环境，切实搞好服务。但是，在发展农民组织的问题上应防止出现当年"公社＋社员"的翻版，同时应避免"公司＋农户"的弊端，走"农户＋农户"的路子才是正途。

四、服务的规模化

构建覆盖全程、综合配套、便捷高效的多元新型的社会化服务体系，是发展现代农业的基本要求。社会化服务体系包括公益性、经营性和自助性三大方面，公益性的应由政府负责，经营性的由市场运作，自助性的由农民合作组织承担。我国农业公益性服务还很脆弱，经营性和自助性服务组织发育不足，多元化、多层次、多形式的社会化服务体系亟待建立健全。当前在城市化高潮的背景下，由于轻农、弃农、厌农思想蔓延，许多社会组织不愿为农服务，认为为农服务收益不高，前途不大。随着我国工业化、城镇化的快速推进，青壮年农民几乎都进入城市经商务工，农村务农只剩下"389961"部队，越来越多的农活急需社会提供服务。近些年在全国范围内公益性与经营性服务有效结合的成功范例就是农机跨区作业。国家不断加大购机补贴力度，全国各级农机部门收集发布天气、供求、交通等信息，协调保障柴油供应、落实免费通行政策，每年"三夏"，全国大约50万台农民自购的联合收割机便自发地南下北上跨区作业，就解决了全国80%以上的机械化收割问题，2012年全国农业机械化服务经营收入达到4 800亿元，实现了农民、机手和政府的多赢。国际经验表明，西方发达国家农业服务业人口比农业人口要多得多，一个农民身边围绕着好几个人甚至十几个人为他服务。为农服务的企业完全可以做大做强，从美国种业发展就可见一斑，全美涉及种子业务的企业有700多家，其中，种子公司500多家，既有孟山都、杜邦先锋、先正达、陶氏等跨国公司，也有从事专业化经营的小公司或家庭企业，还有种子包衣、加工机械等关联产业企业200多家。2010年，孟山都销售收入105亿美元，其中种子及生物技术专利业务 76 亿美元，除草剂业务 29 亿美元；杜邦先锋销售收入 315 亿美元，其中，种子业务 53 亿美元；先正达销售收入 116 亿美元，其中，种子业务销售收入 28 亿美元。可见我国为农业服务的服务业蕴藏着多么巨大的潜力。我们必须下大功夫挖掘这一潜力，开拓这一市场，千方百计引导大企业大公司下乡发展各类为农服务的服务业。未来我国应加快构建以公益性服务、经营性服务和自助性服务相结合、专项服务和综合服务相协调的新型农业社会化服务体系。

五、适合工厂化生产的种养业规模化

工厂化农业也称设施农业，它是利用现代工业技术装备农业，在可控环境条件下，采用工业化生产方式，实现集成高效及可持续发展的现代农业生产与管理体系。用工业化的生产方式代替传统小农生产方式，可以有效地利用现代工业技术和设施装备农业，使农业生产摆脱自然环境与条件的束缚，利用现代工业化的管理和生产手段从事农业生产，提高劳动生产率和土地产出率，使资源得到合理、高效利用，使农产品的市场占有率大大提高。目前，我国工厂化农业规模较小、科研和技术应用水平还较低、管理水平也亟待提高。世界上有一些工厂化农业比较发达的典型范例，比如，荷兰温室园艺已形成一个具有相当规模的产业，利用有限的资源带来无限的财富令世人瞩目，值得我国学习。20 世纪 90 年代以来，荷兰每年以花卉为主的农产品净出口值一直保持在 130 多亿美元左右，约占世界农产品贸易市场份额的 10%。以色列的设施农业在世界上最负盛名，北欧一些国家的温室蔬菜也是后起之秀。我国山东的寿光，自 20 世纪 80 年代以来，选准设施蔬菜作为带动农民增收的主导产业常抓不懈，目前，年产蔬菜 400 万吨，拥有全国最大的农产品物流园，产品除销往全国各地外，还出口至日、韩、中国香港等数十个国家和地区，成为国家级"出口食品

农产品质量安全示范区"，是著名的"中国蔬菜之乡"。从现代农业发展趋势看，我国完全能够走出一条适合国情，具有中国特色的摆脱环境控制的工厂化农业发展之路。大力发展设施高效农业，加大农业物联网技术应用力度，着力扶持一批工厂化蔬菜、瓜果、花卉、畜产品、水产品等设施技术和产业建设的发展，应是我国现代农业的重要着力点。但对于畜产品、水产品等养殖业应充分考虑环境的承载力，发展适度规模的工厂化经营，不可超越当地环境的净化能力盲目扩容。

当前，中国畜牧业正陷入盲目求大的困境。自2008年"三聚氰胺毒奶粉"事件后，中国就开始了"万头大牧场"的建设运动，目前已有40多个1万~2万头的大牧场，数量居世界第一。中部某省有一个存栏设计4万头的大牧场，可能是世界第一大。在畜牧发达且地广人稀的美国、加拿大，大牧场仍然是实验性的，一般规模多在3000头左右，其他国家多为散养或在千头以下规模。美国大牧场每头牛产奶9.6吨，中国平均4.5吨，做得最好的大牧场也只有8吨。万头大牧场带来巨大的生态压力，一个万头大牧场需要周围3万亩农田消纳粪便。大牧场在国外不能发展的原因即在于此。在中国企业则不需要考虑污染问题，地不是自己的，周围居民反映有当地基层干部帮助弹压。这仅是权宜之计，带来的污染终归要从根本上解决。

第四节 农民专业合作社及国家有关扶持政策

农民专业合作社作为新型农业经营主体，正在我国广大农村蓬勃发展，成为当前农村改革和经济发展的一个亮点。农民专业合作社作为农民自愿组成的组织，如何办合作社才能更好地为成员提供综合性服务？

《中华人民共和国农民专业合作社法》（以下简称《农民专

业合作社法》)2007 年 7 月 1 日实施以来，农民合作社迅速发展。到 2014 年 9 月，全国在工商部门登记的农民专业合作社已达 91.1 万家，入社农户 6 838 万户，占全国农户总数的 26.3%。

一、农民合作社的性质及作用

（一）民办民管民受益

农民专业合作社是在农村家庭承包经营基础上，同类农产品的生产经营者或者同类农业生产经营服务的提供者、利用者，自愿联合、民主管理的互助性经济组织。以其成员为主要服务对象，提供农业生产资料的购买，农产品的销售、加工、运输、贮藏以及与农业生产经营有关的技术、信息等服务。合作社成员以农民为主体，以为成员服务为宗旨，成员地位平等，实行民主管理，谋求全体成员的共同利益，盈余主要按照成员与农民专业合作社的交易量(额)比例返还。所以，农民合作社是"民办民管民受益"。

（二）做一家一户做不了的事

我国农户承包经营的土地规模小，平均每户只有七八亩地。许多事情一家一户做不了，或者做起来不划算。

农民专业合作社的发展，提高了农民的组织化程度，为农业机械化提供了条件。为解决这个难题找到了一条途径。据农业部统计，截至 2011 年年底，农民专业合作社转入的土地面积达 3 055 万亩，占全国耕地流转总面积的 13.4%。

许多地方成立了农机专业合作社，为农户提供耕种、病虫害防治、收获等生产服务。

（三）保护农民合法的承包权

据国家统计局信阳调查队范宝良对 100 个农户进行的土地承包经营权流转意向问卷调查，80% 的农户虽然愿意流转土地承包经营权，但即使在有利益补偿或完善的社会保障的情况下，愿意放弃土地的农户只有40%。而在没有利益补偿的情况下，既使已经在城市工作和生活的农民工也不愿放弃土地权益。

二、农民合作社的权利

根据《农民专业合作社法》第16条的规定，农民专业合作社的成员享有以下权利。

1. 享有表决权、选举权和被选举权

参加成员大会，并享有表决权、选举权和被选举权，按照章程规定对本社实行民主管理。

（1）参加成员大会。这是成员的一项基本权利。成员大会是农民专业合作社的权力机构，由全体成员组成。农民专业合作社的每个成员都有权参加成员大会，决定合作社的重大问题，任何人不得限制或剥夺。

（2）行使表决权，实行民主管理。农民专业合作社是全体成员的合作社，成员大会是成员行使权力的机构。作为成员，有权通过出席成员大会并行使表决权，参加对农民专业合作社重大事项的决议。

（3）享有选举权和被选举权。理事长、理事、执行监事或者监事会成员，由成员大会从本社成员中选举产生，依照《农民专业合作社法》和章程的规定行使职权，对成员大会负责。所有成员都有权选举理事长、理事、执行监事或者监事会成员，也都有资格被选举为理事长、理事、执行监事或者监事会成员，但是法律另有规定的除外。在设有成员代表大会的合作社中，成员还有权选举成员代表，并享有成为成员代表的被选举权。

2. 利用本社提供的服务和生产经营设施

农民专业合作社以服务成员为宗旨，谋求全体成员的共同

利益。作为农民专业合作社的成员，有权利用本社提供的服务和本社置备的生产经营设施。

3. 按照章程规定或者成员大会决议分享盈余

农民专业合作社获得的盈余依赖于成员产品的集合和成员对合作社的利用，本质上属于全体成员。可以说，成员的参与热情和参与效果直接决定了合作社的效益情况。因此，法律保护成员参与盈余分配的权利，成员有权按照章程规定或成员大会决议分享盈余。

4. 查阅有关资料

查阅本社的章程、成员名册、成员大会或者成员代表大会记录、理事会会议决议、监事会会议决议、财务会计报告和会计账簿成员是农民专业合作社的所有者，对农民专业合作社事务享有知情权，有权查阅相关资料，特别是了解农民专业合作社经营状况和财务状况，以便监督农民专业合作社的运营。

5. 享有章程规定的其他权利

章程在同《农民专业合作社法》不抵触的情况下，还可以结合本社的实际情况规定成员享有的其他权利。

三、农民合作社的义务

农民专业合作社在从事生产经营活动时，为了实现全体成员的共同利益，需要对外承担一定义务，这些义务需要全体成员共同承担，以保证农民专业合作社及时履行义务和顺利实现成员的利益。

根据《农民专业合作社法》第18条的规定，农民专业合作社的成员应当履行以下义务。

1. 执行成员大会、成员代表大会和理事会的决议

成员大会和成员代表大会的决议，体现了全体成员的共同意志，成员应当严格遵守并执行。

2. 按照章程规定向本社出资

明确成员的出资通常具有两个方面的意义。

一是以成员出资作为组织从事经营活动的主要资金来源。二是明确组织对外承担债务责任的信用担保基础。但就农民专业合作社而言，因其类型多样，经营内容和经营规模差异很大，所以，对从事经营活动的资金需求很难用统一的法定标准来约束。而且，农民专业合作社的交易对象相对稳定，交易人对交易安全的信任主要取决于农民专业合作社能够提供的农产品，而不仅仅取决于成员出资所形成的合作社资本。由于我国各地经济发展的不平衡，以及农民专业合作社的业务特点和现阶段出资成员与非出资成员并存的实际情况，一律要求农民加入专业合作社时必须出资或者必须出法定数额的资金，不符合目前发展的现实。因此，成员加入合作社时是否出资以及出资方式、出资额、出资期限，都需要由农民专业合作社通过章程自己决定。

3. 按照章程规定与本社进行交易

农民加入合作社是要解决在独立的生产经营中个人无力解决、解决不好，或个人解决不合算的问题，是要利用和使用合作社所提供的服务。成员按照章程规定与本社进行交易既是成立合作社的目的，也是成员的一项义务。成员与合作社的交易，可能是交售农产品，也可能是购买生产资料，还可能是有偿利用合作社提供的技术、信息、运输等服务。成员与合作社的交易情况，按照《农民专业合作社法》第36条的规定，应当记载在该成员的账户中。

4. 按照章程规定承担亏损

由于市场风险和自然风险的存在，农民专业合作社的生产经营可能会出现波动，有的年度有盈余，有的年度可能会出现亏损。合作社有盈余时分享盈余是成员的法定权利，合作社亏损时承担亏损也是成员的法定义务。

5. 章程规定的其他义务

成员除应当履行上述法定义务外，还应当履行章程结合本社实际情况规定的其他义务。

四、国家支持扶持合作社的主要政策和项目

根据《农民专业合作社法》第49条至52条规定，农民专业合作社享有以下优惠政策。

（1）国家支持发展农业和农村经济的建设项目，可以委托和安排有条件的有关农民专业合作社实施。

（2）中央和地方财政应当分别安排资金，支持农民专业合作社开展信息、培训、农产品质量标准与认证、农业生产基础设施建设、市场营销和技术推广等服务。对民族地区、边远地区和贫困地区的农民专业合作社和生产国家与社会急需的重要农产品的农民专业合作社给予优先扶持。

（3）国家政策性金融机构应当采取多种形式，为农民专业合作社提供多渠道的资金支持。具体支持政策由国务院规定。国家鼓励商业性金融机构采取多种形式，为农民专业合作社提供金融服务。

（4）农民专业合作社享受国家规定的对农业生产、加工、流通、服务和其他涉农经济活动相应的税收优惠。财政部、国家税务总局《关于农民专业合作社有关税收政策的通知》还对农民专业合作社享有的印花税、增值税优惠作出了具体规定：①农民专业合作社与本社成员签订的农业产品和农业生产资料购销合同免征印花税。②对农民专业合作社销售本社成员生产的农业产品，视同农业生产者销售自产农业产品免征增值税。③增值税一般纳税人从农民专业合作社购进的免税农业产品，可按13%的扣除率计算抵扣增值税进项税额。④对农民专业合作社向本社成员销售的农膜、种子、种苗、化肥、农药、农机，免征增值税。

第三章 农村可持续发展政策法规

第一节 农业可持续发展的概念、作用和意义

一、农业可持续发展的概念

农业可持续发展是指农业的发展满足当代人的需求，又不对后代人满足其需求的能力构成危害的发展，即要达到发展农业的目的，又要保护好人类赖以生存的大气、淡水、海洋、土地和森林等自然资源和环境，使子孙后代能够永续发展和安居乐业。

二、农业可持续发展的作用

农业可持续发展是建设有中国特色的农村发展道路的新阶段。农业是国民经济的基础，农村是社会的基本社区。农业可持续发展是整个社会可持续发展的基础。因而在实践我国可持续发展的战略时，必须研究农业的可持续发展问题，以加强农业的基础地位，促进经济社会的可持续发展。党的十一届三中全会后，粮食生产取得了辉煌的成就，大大促进了现代化的进程。但我们也要看到，农村的可持续发展面临的科学技术随着资源、环境、人口等多重压力和严重的困境，严重阻碍农业可持续发展和科学技术的发展。因而中国农业的发展道路，只能从原有的靠大量增加资源消耗的粗放式的农业生产方式，转到尽量节约农业资源的消耗、提高农业资源的利用效率，依靠科

学技术，走农业和农村经济可持续发展的退路。

农业可持续发展的研究具有一定的国际意义。由于我国是一个农业大国，首先，如何通过该问题的深入研究，制订出一套有效行之有效的政策措施并被付诸实施，从而保障我国农业与整个国民经济持续协调快速发展。其次，世界上还有许多类似我国的发展中国家，近些年来我国改革开放取得的巨大成就，引起了他们的密切关注。如果我国能够成功地开创出一种成熟的、具有典型意义的农业可持续发展模式或保障农业与整个国民经济持续协调快速发展的路子来，则对面临着同样问题的发展中国家具有重要的借鉴意义。

用科学理论指导农业可持续发展实践的需要。农业可持续发展体系作为一种理念、一种理想的社会模式，正变为世界范围的人类实践活动。这种实践目标是人的生产、社会生产、环境生产的协调统一，是精神文明、物质文明、生态文明的协调推进，是经济效益、社会效益、生态效益的协调发展，是政治、经济、文化、生态自然的协调互动。这种实践是人类发展史上的一场革命，它要求实践能力的现代转换，即劳动者的素质和观念的提高；要求实践结构的现代转换，即调整产业结构、产业布局、产业政策和企业运行方式，实现社会生产内涵发展、集约化和生态化；要求管理方式的现代化转换。这种实践在"全球战略""人类共同利益""大时空观"等现念指导下在全世界范围推进，如果没有形成全球共识的理念和科学理论来指导，那是不可能成功的。

三、农业可持续发展的意义

农业的可持续发展在中国有着特殊的重要意义：一是有利于更好地解决农业发展与环境保护的双向协调，在发展经济的同时，注意资源、环境的保护，使资源和环境能永续地支撑农业发展，同时，通过农业的发展促进资源和环境有效保护，使资源与环境的开发、利用、保护有机的结合，既避免农业发展以破坏资源与环境为代价，又避免单纯强调保护而阻碍了开发、利用；二是有利于重新认识农业的基础地位和作用，使农业的功能不断得到拓宽，促进农村全面、综合、协调地发展，增加农村就业，增加农民收入，缩小城乡差距；三是有利于从我国国情出发，调整农业发展战略和方向，合理开发利用环境，促使农业可持续发展，选择适合我国国情的现代化农业发展道路。

第二节　农村环境问题的主要任务

中国有将近70%的人口在农村，没有农村环境的改善，农民的小康就失去了意义。我国应积极通过包括调整农业结构，发展生态农业、有机农业，提高农业生产的环境效益和经济效益；加强秸秆还田，保护农业和农村生态环境；加大对农村环保基础设施建设，开展农村生活垃圾、禽畜养殖场废物环境综合整治；面向乡镇干部、农民和农村中小学生开展环境宣传教育，提高他们的环境保护意识，最终从根本上解决农村环境污染问题，保证农村经济可持续发展和农村生态环境进一步改善。

一、农村环境问题的表现及原因

近年来，农民的收入有了明显提高，居住条件不断改善，但令人遗憾的是，农村的环境卫生不仅没有改观，反而污染更趋严重。据有关资料显示：中国农村有3亿多人喝不上干净的水，其中超过60%是由于非自然因素导致的饮用水源水质不达标。

（一）农村环境污染问题的影响

1. 影响农产品质量和产量

在一些农村，农药瓶、化肥袋、塑料薄膜、塑料袋等到处乱扔，"白色污染"十分严重。由于不按科学配制，超标使用大量高毒、剧毒农药和化肥，致使农田中鸟类、青蛙、蚯蚓等益虫、益鸟数量大量减少，河流内鱼虾遭受毁灭性毒害，生物多样性遭到严重破坏，使农业生态环境恶化，造成依赖农药的恶性循环。

2. 影响耕地质量

轻视有机肥的使用，长期过量地使用化肥，造成土壤板结、有机质减少、地力下降。生活垃圾和工业废渣不适当的使用，对土壤理化性质造成很大影响。一些农村做饭用柴，砍伐树木现象严重，许多地方变得满目疮痍，严重破坏了植被，造成土壤沙化和水土流失。这些累积性破坏给农业可持续发展和粮食安全带来长期危害。

3. 影响农村生活环境

在城市产业升级换代和城市环境整治过程中，将大批落后的、污染严重的工业项目和工业生产设施转移到农村，将农村作为垃圾和废弃物堆放地。受乡村自然经济的深刻影响，农村工业化实际上是一种以低技术含量的粗放经营为特征、以牺牲环境为代价的反积聚效应的工业化。家庭作坊星罗棋布，村村点火、户户冒烟。没有治污或设备简陋，随意排污严重，导致河水污染、树木枯死、农田减产，一家企业污染一条河、一个工厂毁掉一大片土地的现象很普遍。

4. 影响农村稳定

由于农民传统的不良卫生习惯和环境保护意识差，将大量的生活垃圾倾倒在村边的沟渠或河滩内，粪尿不经化粪池或其他处理直接排入江河。大量畜禽粪便任意堆放在路边或村庄附近，夏季里臭气熏天，"垃圾到处堆，蚊蝇满天飞"的现象随处可见，造成环境污染和传染性疾病蔓延，严重影响了农村居民的生产生活，屡屡引起邻里纠纷，影响农村稳定。

5. 最近几年的环境污染新问题

城乡共生污染对农村的危害明显加重，如化工轻工业危险废物、废渣在循环经济的招牌下不适当地应用到农业生产和生活中，对农民身体和家庭带来直接损害。

有些危险废渣直接应用到农田或农业作坊，所生产的产品被城乡居民使用。有些进入农田，间接进入粮食、蔬菜和水果中。废旧电器拆解造成重金属、毒性有机物污染在一些地方有加重趋势。而这些方面的污染在很多地方没有引起重视，个别地方甚至作为资源循环的经验进行推广，其危害是加倍的。

（二）农村环境污染的主要原因

1. 不健全的机构导致管理薄弱

监管体系不健全，管理人员素质有待提高。

首先，目前环保部门还没有农业环境监测的专门机构、专职人员、监测仪器和业务经费，对农业环境还没有任何常规监测。其次，大多数农产品既无一套标准化生产操作规程，也没有产品质量检测标准，更缺乏必要的检测监督手段。再次，农药流通比较混乱、货出多门、货源多头，因此，不能从根本上杜绝违禁农药的销售。

虽然现在许多地方乡镇一级政府也建立了环保机构，设立分管领导，但是，多属空架子，监管机构和人员不足，没有明确的职权和相应监测设备，基本没有履行环保职责。

2. 政策法规和标准不健全

有关农村生态环境的立法很不健全，如对于农村养殖业污染、塑料薄膜污染、农村饮用水源保护、农村噪声污染、农村生活和农业污水污染、农村环境基础设施建设等方面的立法基本是空白。

3. 环境意识不强

在农业生产过程中，片面追求数量而忽视农产品质量，忽视农药化肥的大量使用对农村土壤以及河道的污染。对畜禽养殖污染的严重性估计不足，大多数农民对科学用药、平衡施肥知之甚少，不能根据作物生长规律、土壤养分状况决定化肥、农药的配比，只是一味单纯地加大剂量滥施农药，结果不仅造成化肥农药利用率不高，而且对环境污染严重，土壤肥力下降。

同时，农民由于受利益驱动，选用农药时，剧毒农药触杀性好且成本低廉，而高效、无毒、污染少的杀虫剂一般见效迟缓、防治成本高，生产者往往愿意选择前者。

另外，由于受传统观念影响，温饱即足，只顾眼前利益，没有长远打算，农民的环境意识和维权意识普遍不高，对环境污染和破坏的危害性认识不足。即使认识到环境的危害性，也不知自己拥有何种权利、如何维护自己的权益。

4. 农村污染防治资金匮乏，设施不到位

资金投入严重不足，与经济、社会发展不相适应。由于资金投入不足，导致农业生产资料的产品结构不能适应发展现代生态农业的需要。如现有农药中杀虫剂占 70%，其中，含有机磷和高毒的农药占到 70%，而高效、低毒、见效快、成本低、使用方便的农药品种少之又少。

有机肥商品化生产举步维艰，优惠扶持力度不足，商品有机肥与化肥相比价格偏高，普及推广难度很大。无公害、绿色和有机农产品的市场推广扶持力度不够，绿色农产品通道不畅，其质量、价值优势在价格上无法得到体现，导致生态农业先进技术推广难度加大。

畜禽养殖污染在农村环境污染中已占很大比重，产生的甲烷、硫化氢等有害气体排放量已超过工业污染位居第一，但与工业污染防治投入相比，农村环境污染防治投入严重失衡，致使污染长期得不到有效控制。

我国对城市和规模以上的工业企业污染治理制定了许多优

惠政策，如排污费返还使用，申请财政资金贷款贴息等，而对农村各类环境污染治理却没有类似优惠政策，导致农村污染治理基础滞后，难以形成治污市场。

5. 传统农业格局被打破，养殖业与种植业日益分离

传统的畜禽养殖规模较小，种植、养殖一条龙，畜禽粪便大部分作为农家肥，对环境污染较轻。随着畜禽养殖业的迅猛发展，其环境污染总量、污染程度和分布区域都发生了极大的变化。目前，我国的畜禽养殖业正逐步向集约化、专业化方向发展，不仅污染总量大幅增加，而且污染呈相对集中趋势，出现了一些较大的"污染源"。

同时，由于畜禽养殖业呈多样化经营，使得这种污染在许多地方以"面源"的形式出现，呈现出"面上开花"的状况。在种植业中，农民只认识到化肥农药简单、方便的好处，大量施用化肥农药，畜禽粪便用作农田肥料的比重大幅度下降，导致养殖业与种植业严重分离，畜禽粪便乱堆乱排的现象越来越普遍，对环境的污染逐年加重。未经处理的畜禽污水中，含有大量的氮、磷，造成水体富营养化，而养殖场会产生大量含有氨、硫化物、甲烷等有害物质的恶臭气体，严重污染大气环境，危害人体健康。

6. 缺乏技术支持和指导

我国的环境污染问题在城市和工业发达地区已经得到了比较好的控制，而农村工业薄弱、经济落后，温饱问题刚刚得到基本解决，解决污染问题和提高生活质量还只是美好的愿望。加上科技文化知识欠缺，对工业污染转移和农村自身污染问题普遍没有引起重视。

二、农村环境问题的治理措施

（一）提高思想认识

农村环境污染防治，关键是要把广大农民群众发动起来，

使他们像爱护自己的生命财产一样爱护周边的生态环境，真正掌握各种先进适用的污染防治技术。充分利用各种媒体，通过各种有效方式，广泛开展贴近实际、贴近生活、贴近群众的环保宣传和科普教育，在农村营造一个学习生态环境保护知识、宣传环境保护政策、贯彻落实生态环境保护措施的热烈气氛。

另外，增强各级领导及有关部门对农村环境污染治理的紧迫感和责任感，把治理工作摆上重要议事日程。搞好环境卫生重要性的宣传，让群众充分认识到环境卫生与自身健康的关系，自觉养成良好的卫生习惯。加强对农村环境污染防治的宣传教育，不断提高广大农民群众的环境保护意识。

（二）加强领导，落实责任

各部门领导应该进一步明确职责，建立齐抓共管、分工协作的工作机制，环境保护部门切实加强对农村环境污染防治工作的统一监督管理，开展农村生活污水生态化处理等农村环境污染防治技术研究与试点，探索农村治污的新途径和新方法，抓紧研究制订农村环境污染防治规划。

农经部门对畜禽养殖业、种植业污染防治工作和水产养殖业污染防治工作负责，努力加快农业废弃物的资源化利用步伐；建设部门加大农村村镇环境基础设施建设力度，切实抓好农村生活垃圾收集处置系统的长效管理，完善投入运行机制；水利部门对农村河道整治工作负责，大力开展生态河道建设；计划、财政、经贸、工商等部门应努力加大对农村环境保护的支持力度，在项目立项、资金投入等方面予以重点扶持。

乡（镇）、街道作为辖区范围内的全面管理者。切实加强乡（镇）、街道的环境保护队伍建设，落实专门机构和专门人员，建立完善的乡（镇）、街道环境管理体制，可以考虑把农村环境污染防治工作作为乡（镇）长环境保护目标责任制考核的重要内容，真正做到责任、措施、投入"三到位"。

（三）完善环境立法

农村污染防治必须进入有法可依、依法治理的新阶段。完善环境保护的法律法规，加速对农业环保的立法。作为县级政府、部门要在国家法律法规允许的范围内，制订农业废弃物资源化管理办法、有机肥商品化生产使用管理规定等一系列适合本地农村环境污染防治的规定和办法，增强农村环境污染防治措施的可操作性；加快建立农村土地使用权流转机制，按照"依法、自愿、有偿"的原则，促进土地使用权的集中，有利于推行集中治污和发展高效生态农业。

全面实施规模化畜禽养殖场、养殖小区环评制度和排污许可证制度，对有一定规模的农牧业项目实行环保审批制度，纳入统一的环境管理，并加大执法监督力度，对农村环境违法事件严厉查处。同时，还必须建立乡规、村规民约，作为法律法规的必要补充，使广大村民自觉遵守、互相监督，努力控制或减轻农村环境污染。

（四）开展农村环境综合整治工作

农村环境综合整治包括：畜禽养殖及集镇生活污水的污染治理、生活垃圾的统一收集填埋、河道"三清"（清淤、清障、清水面漂浮物），以及控制水土流失。本着企业出资、群众出力、政府出台有关政策的原则，政府及有关部门加强协调和落实。

（1）要加强畜禽养殖污染治理，严格控制养殖总量，全面完成禁养区内养殖场的关停转迁，大力削减限养区内畜禽存量，全面完成规模化养殖场（户）的治理任务；努力加快推进生态养殖小区建设，大力推广生态养殖技术、"一场一厂"畜禽粪便资源化处理模式和"猪－沼－作物"等能源生态农业模式。

（2）加强水产养殖污染防治，积极推行生态型、健康型水产养殖模式，建设一批绿色水产品基地；全面禁用高毒、高残留农药，建设一批化肥农药减量增效控污示范区。

（3）完善农村生活垃圾收集处理系统，出台农村卫生保洁收费制度；全面完成"万里清水河道工程"，坚持生态治水理念，开展河道整治及生态河道建设，定期对河道清淤、清障和清除水面漂浮物，并通过道路硬化、沟渠硬化、块石护岸、生物护岸来控制水土流失，美化环境；积极创建生态村镇，努力提高农村生态建设和环境保护的整体水平，共同搞好农村环境综合整治工作。

（五）大力发展无公害农业

控制农业面源污染必须发展生态农业，发展生态农业必须依靠科技进步。充分发挥科技、农业、环保等部门的技术优势，联合和依托高等院校、科研院所，积极开展生态农业研究与建设。以发展生态农业为目标，建立无公害农产品基地为基础，着重加快无公害产品(绿色食品和有机食品)建设步伐。

（1）制定并严格执行各类无公害农产品包括基地、生产、流通、储运加工过程中的环境标准和技术、质量要求，加快无公害农产品标准的贯彻实施。

（2）加强无公害农产品的技术指导，按标准建立无公害产品基地，增施有机肥料，减少化肥用量，采用生物农药和生物技术综合防治病虫害，严禁高毒、高残留农药使用，减少农药使用量。

（3）按照一定程序对有一定规模的生产者进行资格认定，对符合要求者发给证书和标志，准予生产和经营。

（4）畅通绿色市场通道，加强市场监管，确保无公害农产品的市场渠道，设立专柜和专业市场，让无公害产品真正体现其市场价值，鼓励和引导农民无公害种养。

第三节　发展循环农业，推动节能减排

一、走生态文明的现代农业之路

我国农业的未来应该是走一条资源节约型、生态环境友好型的现代化农业道路。生态农业是现代农业的发展方向，是人们发展农业生产的一种优化模式，其最终目的是增加农业产量和经济收入，从一定意义上来讲，生态效益就是长远的经济效益；社会效益就是广泛的经济效益。在生态农业的模式中，要求经济效益、生态效益和社会效益的高度发挥，同时，要求三者之间相互协调一致。

（一）坚持资源的节约与利用

要转变农业发展方式，改变过去那种高投入、高能耗的发展模式，充分合理利用水、土、温、光和生物资源，提高资源利用效率，实现资源的优化配置；通过种养加、产供销，把农村劳动力资源予以充分利用；努力提高农产品的商品率，为社会提供无污染、安全、优质营养的生态食品。

（二）创造良好的生态环境

坚持生态文明理念，利用物质与能量在农业生态系统中多途径、多层次的转化，保护生态平衡。扩大绿色植被覆盖率，保持和改善生态环境。利用农作物的生态补偿作用减少农药的用量，采用物种或品种轮换种植的方法，结合外地品种的调配，利用轮作和覆盖种植，注意利用天敌防治害虫，有效地减少化肥和农药的用量，减轻环境污染，并且生产出无污染、无公害、有益健康的绿色产品。

（三）运用先进的农业科技和现代管理手段

全面规划、总体协调、良性循环，发展无废弃物、无污

染、集约、高产、优质、高效农业，建立人类生存和自然环境间相互协调、相互增益的经济、生态、社会三效益协调发展的现代化农业体系。

（四）为人类提供丰富健康的农产品

坚持生态原理，通过合理调控农业系统资源，充分发挥光、温、水、气、肥、土壤等自然资源的作用，在农田中间实行间作、套种、混播、多层种植、立体养殖等技术，做到阴阳搭配、深浅根系搭配、前后茬搭配。合理地组装成多物种、多层次、多功能的立体生产结构，使社会既能持续取得丰富的农产品，又能改善生态环境质量，达到稳定增长、持续发展、动态平衡的目标。

二、资源的利用及保护

（一）转变农业发展方式：合理开发农业资源

面对人多地少水缺的现实，应对资源环境约束，实现农业现代化，必须转变农业发展方式。只有加快推进农业发展方式转变，才能不断破解农业发展面临的矛盾和难题，提升农业产业的质量、效益和竞争力，为国民经济平稳较快发展提供强力支撑。

（二）人多地少水缺：我们的农业资源不丰富

据全国第六次人口普查数据统计，全国总人口达到 13.7 亿人。然而，我国耕地资源却逐年减少，人均耕地减少到约 1.4 亩。由于人口分布不平衡，有 1/3 的省、直辖市人均耕地不足 1 亩，有 666 个县低于联合国确立的人均耕地 0.8 亩的警戒线，463 个县低于人均耕地 0.5 亩的危险线。水资源短缺且时空分布不均，限制了农产品产量的进一步增加。我国人均占有水资源量为 2 200 立方米左右，只有世界人均水平的 1/4，被列为 13 个贫水国家之一。全国各流域水资源状况南方和北方差异巨大，北方耕地面积占全国的 59.6%，人口占 44.3%，而水资源量仅占 14.5%；84% 的水资源量集中在人口占 53.6%、耕地占 34.7% 的南方地区。随着中国经济的快速增长，其他行业对于耕地资源和水资源的竞争也越来越激烈，尤其是工业用水和生活用水将大大占用农业用水。

（三）构建农业生态系统：农业资源的循环利用

构建农业生态系统，大力发展循环农业，通过农业生态系统内部各种农业资源往复多层与高效流动的活动，使农业经济活动按照"投入品→产出品→废弃物→再生产→新产品"的反馈式流程组织运行，实现节能减排与增收的目的，促进现代农业和农村的可持续发展。循环农业就是运用物质循环再生原理和物质多层次利用技术，实现较少废弃物的生产和提高资源利用效率的农业生产方式。循环农业作为一种环境友好型农作方式，具有较好的社会效益、经济效益和生态效益。只有不断输入技术、信息、资金，使之成为充满活力的系统工程，才能更好地推进农村资源循环利用和现代农业持续发展。

（四）农业生态环境的平衡和失衡

在一个生态系统中，生物与生物之间、生物与物理环境之间，互相依存，互相制约，在一定时间内保持相对的协调和稳定状态，就是生态平衡。在农业生产中，保持农业生态平衡，就是要安排好大农业内部各部门之间的关系以及农业生物与农业环境之间的关系，使整个系统的物质循环和能量交流畅通，输入和输出基本保持平衡。只有处于平衡状态的农业生态系统，其生物种群的个体较多，生物量最大，生产力最高。因此，应使农业生产在一定时间内维持生物种类、数量与自然环境和人工投入之间的相对平衡，取得高产、优质、高效的生产目标，同时也可促进生态环境向良性化方向发展。

由于农业生产的目的是为人类提供食物和生产生活资料，同时受生态规律和经济规律制约，追求生态效益和经济效益的平衡是农业生产持续发展的目标。因此，随着人类的社会进步和经济发展，农业生态系统会不断打破旧的平衡。在这一过程中，要充分注重生态和经济的统一，在追求经济效益的同时应充分重视生态效益，在相对平衡中不断向前发展。

（五）积极采用农业生态环境保护技术

我国主要推广的生态农业技术有以下几种。

1. 立体生产技术

立体生产技术是指在农业生产中，利用生物群落各层生物的不同生态位特性及互利共生关系，分层利用自然资源，以达到充分利用空间、提高生态系统光能利用率和土地生产力、增加物质生产的目的。这是一个在空间上多层次、在时间上多序列的产业结构。种植业中的间混套作、稻鱼（蟹）共生、经济林中乔灌草结合以及池塘水体中的立体多层次放养等均属于立体生产技术的应用。

2. 引入新品种，充实生态位技术

近年来，我国农村一般的作物种子趋于老化、退化。因此，本来适宜的生态位，由强转弱，只有不断更换适宜的品种，充实到各种生态位去，才能提高系统生产力。充实生态位就是把生物工程与生态工程相结合，利用优良种子资源并通过生物技术手段选出基因，优化组合新品种，再配置各自合适的生态位。这一技术有利于生产力成倍的提高。

3. 综合生态工程技术

综合生态工程技术是指在一定区域内，调整种、养、加的产业结构，使农林牧副渔各业合理规划、全面发展。它是农林牧副渔一体化，种植、养殖、加工相结合的配套综合生态工程技术。它要求根据各地自然资源的特点，发展资源优势，以一种产业为主，带动其他产业的发展，对农村环境进行综合治理，这是当前我国生态农业建设中最重要也是最多的一种技术类型。

4. 病虫害综合防治技术

病虫害综合防治技术包括生物防治在内的病虫害综合防治技术，具有保护生物多样性及改善环境的特点。目前我国的作物主要采用抗病虫品种，利用天敌昆虫防治某些病虫害，实施病虫害发生预测预报，选择高效、低毒、低残留农药，改进施药技术，实行轮作倒茬等，保证农作物的优质、高产和安全。

5. 发展节水农业

节水农业是指在加强管理、保护水质、防止污染的基础上，科学用水、节约用水的技术。世界性水资源的严重匮缺并日益减少，必须发展节水农业技术，提高用水效率。在未来农业中，地面灌溉(沟灌和畦灌)仍将占有很大比重，因为这种方法简便、投资小。随着科学技术的进步，管道灌溉技术将有快速的发展。在地下铺设塑膜软管(或塑料硬管、混凝土管、陶瓷管等)，管子一端连接水泵出水口，置入田间，用机器调动移动管口，边浇边退，根据农作物需水规律，适时适量灌溉，减少地面蒸发和渗漏损失，输水有效利用率达95%，节约用地2%~3%，节省能耗50%，提高灌水效率，缩短了轮灌期，便于机耕，方便交通。喷灌、滴灌和雾灌是新兴的有广阔前景的农田灌溉技术。

6. 微生物生态技术

微生物生态技术包括利用微生物农药、农用抗生剂防治作物和畜禽、水产病虫害，利用微生物发酵水产蛋白饲料等。

7. 农村能源开发技术

近年来，不少农村利用人畜禽粪便、作物秸秆等农业废弃物进行沼气发酵，发展秸秆气化，利用太阳能热水器、太阳灶、节柴灶、微型风力发电等，对扭转农村能源紧缺所引起的生态环境恶化趋势、实现良性循环起到了很好的作用。因此，积极开辟新能源，解决农村能源问题，提高农业生态系统中能量流动与资源的合理开发利用，促进良性循环，是生态农业建设的一个重要内容。

8. 有机物多层次利用技术

有机物多层次利用技术是模拟生态系统中的食物链结构，在生态系统中形成物质良性循环多级利用的状态，即一个系统废弃物的产出是另一个系统的投入，废弃物在生产过程中得到再次或多次利用，使系统内形成稳定的物质良性循环状态。这样可以充分利用自然资源，获得最大的经济效益。例如，在一些生态农场，鸡的粪便喂鱼(或进入沼气池)，鱼塘的泥(或制沼气的废弃物)用于农作物的肥料，农作物的产品又是鸡、鱼的饲料，如此形成良性的物质循环。

第四章　农村社会化服务政策法规

第一节　新型农业社会化服务体系的含义、作用及体系构成

一、农业社会化服务概念及发展

（一）农业社会化服务的概念

农业社会化服务体系是指与农业相关的社会经济组织，为满足农业生产的需要，为农业生产的经营主体提供的各种服务而形成的网络体系。它是运用社会各方面的力量，使经营规模相对较小的农业生产单位，适应市场经济体制的要求，克服自身规模较小的弊端，获得大规模生产效益的一种社会化的农业经济组织形式。

（二）农业社会化服务的发展

从新中国建立初期至改革开放前的 30 年间，我国就已经建立了农业社会化服务体系，并初步形成了"体制内循环"的农业服务组织类型。到 20 世纪 70 年代末，全国已普遍建立了"四级(县、公社、生产大队、生产队)农科网"，农业社会化服务体系的组织架构初步形成。这时期的农业社会化服务体系建设，由于服务主体和形式的单一以及计划经济条件下农产品的统购统销，服务的内容和形式往往缺乏弹性，经营缺乏活力和可持续性，服务组织沦为农业生产部门分工的附属机构。到改革开放前期，随着人民公社的解体，农业社会化服务组织

再一次受到冲击，不少地方的农业社会化服务组织更是面临"网破、线断、人散"的风险。国家把农业社会化服务作为稳定农村农业生产的重要措施，开始着手对农业社会化服务的组织建设进行调整，一大批新的服务组织主体应运而生并迅速发展。

改革开放以来的 30 年，随着人民公社的逐渐解体和市场经济的快速发展，特别是随着农业商品化和专业化程度的提高，农村开始实行以家庭承包责任制为基础的双层经营体制，农户重新成为农业经营发展的基本单位。由于农村人多地少，农户的平均经营规模很小，加之农村市场经济体制的建立，农业的进一步发展迫切要求大力发展农业社会化服务体系，以克服家庭经营的弊端，推进农业的现代化。

一是农业社会化服务组织出现了向多元化服务主体方向发展的趋势，即由改革前的国家涉农相关服务机构一家独办，向现在的多渠道、多元服务主体共办转变。随着改革开放后农村生产力的发展、农业服务需求和供给的扩大，各种服务主体也有了较快的发展。目前，国家兴办的农业服务组织已成为一个庞大的队伍，开始逐渐打破原有部门或行业垄断的界限，建立综合性的合作服务组织。各地不断探索和形成适应当地社会经济发展水平的服务组织主体和方式。另外，服务主体和服务对象的经济关系由无偿服务，到逐步向以市场机制为主的有偿和无偿服务并存发展。

二是农业社会化服务组织的主体层次从上到下逐步延伸，由 20 世纪 50 年代初的县级到乡镇级，再发展到目前的行政村一级。农业的公共产品特性决定了农业社会化服务体系建设的公益性，而我国政府已将农业的社会化服务体系作为实施科教兴农战略的重要载体和实现农业市场化、国际化的重要依托力量。尤其是在中国加入 WTO 后，政府基于农业的"绿箱政策"更是将发展为农民提供无偿或低偿服务的农业社会化服务体系，作为政府管理服务的一项重要的公益职能和职责。在国家力量的主导下不仅在乡镇一级设立农技站、农机站、林业站、畜牧兽医站等，提供以良种供应、技术推广、气象信息和科学管理为重点的服务，而且在村级集体经济组织开展以统一机耕、运输、排灌、植保、收割等为主要内容的服务。

三是在经济所有制性质上，由单一的政府涉农部门所组成的公有制经济成分向个体服务、私营服务等多种经济成分并存转化。一些农村地区性的服务经济组织为了加强统一服务和自我完善兴办具有混合性质的社会化服务组织，进行横向地经济联合，由国营、集体、个体多种经济成分一起投资联办服务组织。

二、农业社会化服务的作用及体系的构成

（一）农业社会化服务的作用

1. 有利于提升农民的市场竞争力，增加农民收入

农村实行家庭联产承包责任制后，一家一户的分散经营成了农村经济运行的主要方式。这种生产经营方式虽然有利于调动农民生产积极性，但生产规模小、生产标准化水平低、产品交易成本高、抵御市场风险和自然风险的能力较弱。把分散的一家一户的小规模经营纳入社会大生产的轨道，实现与大市场相衔接，最好办法就是建立覆盖全程、综合配套、便捷高效的社会化服务体系。

2. 有利于农业生产发展

分散的一家一户式的经营状态不利于科技投入、农业科技产业化的实现、农业基础设施建设，不利于农业生产发展和农业现代化的实现。通过社会化服务组织的引导，各种农业生产要素可以通过各种形式形成适度规模化生产。

3. 有利于巩固农业基础地位，推进农业现代化的实现

提高农业比较效益，既要依靠科学技术提高单位面积产出

率，又要通过产业链的延伸，发展农副产品加工、贮藏、运输业，实现农副产品的转化增值，使农业发展成为高效益的产业。通过农业社会化服务体系，有效地把各种现代生产要素注入农业生产经营中，不断提高农业的特质技术装备水平，促进农业的适度规模经营，逐步提高农业生产的专业化、商品化和社会化。

（二）农业社会化服务体系的构成

农业社会化服务组织可分为以下4类。

1. 与农业相关的社会经济组织

包括政府公共服务体系，如提供基础设施建设的服务体系，提供资金投入的服务体系，提供信息服务、提供政策和法律服务等；提供技术推广的服务体系，主要有农技站、林业站、农机站等以良种供应、技术推广和科学管理为重点的、提供公益性服务的组织。

2. 村集体经济组织

制度设计的主要职能是统一购销种子、化肥等服务，统一机耕、机翻、机播等作业服务以及一定的社区公益事业服务等。

3. 与农业生产者处于平等地位的服务组织

一般以自身利益最大化为目标，为农民提供运输、加工、销售等方面的有偿服务。

4. 农业生产者的自发组织

各类专业合作社、专业协会和产销一体化的服务组织。

第二节　加强基层农业技术推广体系建设

《中华人民共和国农业技术推广法》是我国第一部专门的农业技术推广法律规范，它标志着我国农业发展和农业技术推广工作已进入了依法管理的新阶段。

一、农业技术推广的方针和原则

（一）农业技术与农业技术推广

农业技术，是指应用于种植业、林业、畜牧业、渔业的科研成果和实用技术，包括良种繁育、施用肥料、病虫害防治、栽培和养殖技术，农副产品加工保鲜、贮运技术，农业机械技术和农用航空技术，农田水利、土壤改良与水土保持技术，农村供水、农村能源利用和农业环境保护技术，农业气象技术以及农业经营管理技术等。

农业技术推广，是指通过试验、示范、培训、指导以及咨询服务等，把农业技术普及应用于农业生产产前、产中、产后全过程的活动。农业技术推广是科学与生产之间进行联系，促进科技成果和实用技术转化为直接生产力的桥梁，是科研成果的继续和延伸。

（二）农业技术推广的方针

一是国家依靠科学技术进步和发展教育，振兴农村经济，加快农业技术的普及应用，发展高产、优质、高效益的农业；二是国家鼓励和支持科技人员开发、推广应用先进的农业技术、鼓励和支持农业劳动者和农业生产经营组织应用先进的农业技术；三是国家鼓励和支持引进国外先进的农业技术，促进农业技术推广的国际合作与交流。

（三）农业技术推广的原则

①有利于农业的发展；②尊重农业劳动者的意愿；③因地制宜，经过试验、示范；④国家、农业集体经济组织扶持；⑤实行科研单位、有关学校、推广机构与群众性科技组织、科技人员、农业劳动者相结合；⑥讲求农业生产的经济效益、社会效益和生态效益相协调。

（四）政府和农业技术推广行政部门的职责

1. 政府在农业技术推广工作中的职责

《农业技术推广法》第七条对各级人民政府在农业技术推广工作中的职责作了明确规定。"各级人民政府应当加强对农业技术推广工作的领导，组织有关部门和单位采取措施，促进农业技术推广事业的发展"。这清楚地表明，各级人民政府在农业技术推广中负有两个方面的职责：一是有领导职责；二是有组织协调政府所辖与农业技术推广有关的部门和单位采取措施，支持并为农业技术推广提供保障、促进农业技术推广事业发展的职责。

2. 农业技术推广行政部门

在农业技术推广中的职责《农业技术推广法》第九条规定："国务院农业、林业、畜牧、渔业、水利等行政部门按照各自的职责，负责全国范围内的有关农业技术推广工作。县以上地方各级人民政府农业技术推广行政部门在同级人民政府领导下，按照各自的职责，负责本行政区域内有关的农业技术推广工作。同级人民政府科学技术行政部门对农业技术推广工作进行指导。"这一规定明确了农业技术推广的行政管理体制和管理范围。各级农业、林业、畜牧、渔业、水利等行政部门是同级农业技术推广的主管部门。各级农业技术推广行政部门负责本区域内的农业技术推广工作。同时，还明确了科学技术行政部门与农业技术推广之间的关系是指导关系。

二、农业技术推广体系

农业技术推广体系是农业社会化服务体系和国家对农业支持保护体系的重要组成部分，是实施科教兴农战略的重要载体。

（一）农业技术推广体系的构成

《农业技术推广法》第10条规定："农业技术推广，实行农业技术推广机构与农业科研单位、有关学校以及群众性科技组织、农民技术员相结合的推广体系。"可以看出我国的农业技术推广体系是由 5 个部分构成的，是多层次、多成分的农业技术推广体系。在农业技术推广体系构成的 5 个部分中，农业技术推广机构是专业技术推广机构，是代表国家从事农业技术推广工作的，是农业技术推广的主体及核心。

（二）国家专业农业技术推广机构的职责

乡镇以上各级国家专业农业技术推广机构的职责主要是：①参与制定农业技术推广计划并组织实施；②组织农业的专业技术培训；③提供农业技术、信息服务；④对确定的农业技术进行试验、示范；⑤指导下级农业技术推广机构、群众性科技组织和农民技术人员的农业技术推广活动。

三、农业技术的推广与应用

（一）农业技术推广项目的制定和实施

《农业技术推广法》第十七条对农业技术推广项目的制定和实施作了明确规定："推广农业技术应当制定农业技术推广项目。重点农业技术推广项目应当列入国家和地方有关科技发展计划，由农业技术推广行政部门和科学技术行政部门按照各自的职责，相互配合，组织实施。"重点农业技术推广项目，科学技术行政部门应当列入科技发展计划，并指导农业技术推广行政部门组织实施。

（二）推广农业技术要农业科研、教育、推广相结合

农业科研、教育、推广三者之间有各自的功能和优势，把三者有机地结合起来，有利于发挥"三农"的整体功能和综合效益，推进农业科技进步，加快农业发展。《农业技术推广法》第 18 条规定："农业科研单位和有关学校应当把农业生产中需要解决的技术问题列为研究课题，其科研成果可以通过农

业技术推广机构推广，也可以由该农业科研单位、该有关学校直接向农业劳动者和农业生产经营组织推广。"上述规定强调了"三农"结合加快农业技术推广的作用，明确了农业科研、教育、推广各自的工作重点，并对农业科研和有关学校的技术成果推广问题进行了规范。

（三）农业技术推广的无偿和有偿服务

农业技术推广的目的在于把先进、实用的农业技术普及应用于农业生产实践，从而促进农业生产的发展，是一种以社会效益为主的公益性事业。其本质是国家对农业扶持的一种形式。因此，向农业劳动者推广农业技术要避免增加他们的负担。《农业技术推广法》第22条规定，国家农业技术推广机构向农业劳动者推广农业技术除法定情形外，实行无偿服务。所以，国家农业技术推广机构所需要的经费，应由政府财政拨给。

为适应农村市场经济发展的需要，调动农业技术推广机构、农业科研单位、有关学校和科技人员开发、推广农业技术的积极性，弥补事业经费的不足，《农业技术推广法》第22条第二款规定："农业技术推广机构、农业科研单位、有关学校以及科技人员，以技术转让、技术服务和农业技术承包等形式提供农业技术的，可以实行有偿服务，其合法收入受法律保护。进行农业技术转让、技术服务和技术承包，当事人各方应当订立合同，约定各自的权利和义务。"

（四）农业技术推广的法律责任

在农业技术推广中，为保护农业劳动者的利益，调动农业劳动者和农业生产经营组织采用农业技术的积极性，推广农业技术的组织和个人要保证其推广的农业技术在推广地区具有先进性和适用性，并且要按照农业劳动者自愿的原则推广应用，不得强行推广，否则应当承担农业技术推广的法律责任。《农业技术推广法》第19条规定："向农业劳动者推广的农业技术，必须在推广地区经过试验，证明具有先进性和适用性。向农业劳动者推广未在推广地区经过试验证明具有先进性和适用性的农业技术，给农业劳动者造成损失的，应当承担民事赔偿责任，直接负责的主管人员和其他直接责任人可以由其所在单位或者上级机关给予行政处分。"第20条规定："农业劳动者根据自愿的原则应用农业技术。任何组织和个人不得强制农业劳动者应用农业技术。强制农业劳动者应用农业技术，给农业劳动者造成损失的，应当承担民事赔偿责任，直接负责的主管人员和其他直接责任人可以由其所在单位或者上级机关给予行政处分。"这些法律责任的规定，是与农业技术推广应遵循的原则相呼应的。

第三节　动物疫病防控体系建设

重大动物疫情是指高致病性禽流感、口蹄疫等各种发病率或死亡率高的动物疫病突然发生、迅速传播，给养殖业造成严重威胁和损失，以及可能对公众身体健康与生命安全造成危害的，具有重要社会影响和公共卫生意义的情形。这种疫病同时亦称为重大动物疫病。

一、疫情应急处置的原则

（一）属地管理

根据《重大动物疫情应急条例》和《国家突发重大动物疫情应急预案》的规定，动物疫情应急处置，实行领导负责制，由政府组建的重大动物疫病防控指挥部，具体负责应急处置工作的领导和指挥，各有关部门按照政令统一、部署统一、行动统一的要求，各司其职，密切配合，共同实施。

疫情应急处理工作实行属地管理；县级以上人民政府防控重大动物疫病指挥部统一领导和指挥突发重大动物疫情应急处

理工作；乡镇人民政府负责扑灭本辖区内的突发重大动物疫情；各有关部门按照应急预案规定，在各自的职责范围内做好疫情应急处理的有关工作。

（二）快速反应

各级政府、部门要建立和完善突发重大动物疫情应急响应机制和程序，提高应对突发重大动物疫情的能力；突发重大动物疫情发生时，要迅速做出反应，采取果断措施，及时控制和扑灭疫情。做到早发现、早报告、早诊断、严处置，按照"早、快、严、小"的技术要求规范处置，不留死角，露头就打，不留隐患。其中"早"，是指动物疫情监测要早，预警预报要早；"快"，是指应急反应机制，行动快速，处理及时；"严"，是指封锁严密，处置果断，全面彻底；"小"，是指把疫情控制在最小范围，将损失降到最小。

（三）预防为主

贯彻预防为主的方针，做好人员、技术、物资和设施设备的应急储备工作，并根据需要定期开展技术培训和应急演练；开展疫情监测和预警预报。

（四）科学防治

规范免疫、监测、流行病学调查、消毒、无害化处理、检疫和监督等各项工作，实现重大动物疫病防治工作科学化、规范化。

（五）群防群控

普及动物疫病防控的法律法规和动物疫病防疫知识，提高养殖者和广大群众的防疫意识和自身防护意识，增强全社会的防范意识，依靠群众，全民防疫，群防群控。

二、疫情应急处置的组织体系与职责

（一）指挥机构及其职责

县级以上人民政府成立防控重大动物疫病指挥部（简称指挥部），为突发重大动物疫情应急指挥机构，由政府主要领导担任指挥长，政府各有关部门为指挥部成员单位。主要职责如下。

（1）贯彻落实上级政府防控突发重大动物疫情工作的各项决策和部署。

（2）负责统一领导、组织、协调辖区突发重大动物疫情应急处置工作。

（3）研究制定辖区应对突发重大动物疫情的政策措施和指导意见。

（二）办事机构及其职责

指挥部下设办公室，由畜牧兽医主管部门主要负责人担任办公室主任。主要职责如下。

（1）组织落实本级指挥部决定，协调成员单位应对突发动物疫情处置的相关工作。

（2）组织制定、修订与指挥部职能相关的专项应急预案，指导乡（镇、办）制定、修订与动物疫情相关的专项应急预案。

（3）负责发布预警信息。

（4）负责组织防控突发重大动物疫病的宣传和培训。

（5）负责收集、分析本地重大动物疫情信息，及时上报信息。

（6）负责专业应急队伍的应急演练工作。

（7）负责指导当地动物疫情隐患排查和应急资源管理工作。

（8）负责本级动物疫情应急技术系统的建设与管理工作。

（9）承担本级动物疫情应急指挥部的其他日常工作。

（三）专家组及其职责

县级以上指挥部组建突发重大动物疫情专家组，主要职责如下。

（1）对报告的重大动物疫病进行诊断。

（2）对处置突发重大动物疫情采取的技术措施提出建议。

（3）对突发重大动物疫情应急准备工作提出意见和建议。

（4）负责疫病防控策略和方法的咨询，参与制定或修订突发重大动物疫情应急预案和防控、处置技术方案。

（5）对突发重大动物疫情应急处置进行技术指导和培训。

（6）对突发重大动物疫情应急响应的终止和后期评估做出报告。

（四）应急处置专业机构与职责

根据不同重大动物疫病防控工作的需要，指挥部召集各成员单位主要负责人参与组织实施防控工作。

畜牧兽医部门承担指挥部办公室工作，组建应急预备队。动物疫病预防控制机构和卫生监督机构是疫情应急处置的专业机构，开展疫情的监测、疫病诊断和报告、流行病学调查和疫源追踪等工作；提出疫情控制和扑灭的技术方案；划定疫点、疫区和受威胁区，提出封锁建议；确定扑杀对象，出具扑杀通知书，并监督、指导扑杀、无害化处理和消毒等工作；指导对易感动物进行紧急免疫；组织建立紧急防疫物资储备库，储备疫苗、诊断试剂、消毒药品及器械、防护用品、封锁和无害化处理设施等；参与对疫点、疫区及受威胁区群众的宣传工作；提出启动、终止疫情应急响应建议；负责依法对受威胁区内的动物及其产品生产、贮藏、运输、销售等环节进行检疫监督。

三、疫情的分级

根据突发重大动物疫情的性质、危害程度和涉及范围，对突发重大动物疫情实行分级管理，将突发重大动物疫情划分为特别重大（Ⅰ级）、重大（Ⅱ级）、较大（Ⅲ级）和一般（Ⅳ级）四级。

（一）特别重大突发动物疫情（Ⅰ级）

（1）高致病性禽流感在21日内，相邻省、市有10个以上县（市）发生疫情；省内有5个以上县（市）发生疫情，疫区连片；或有5个以上的县（市）连续发生疫情，且疫点数达到20个以上呈多发态势。

（2）口蹄疫在14日内，5个以上（含）省份连片发生疫情；或有20个以上县（市）连片发生疫情，且疫点数达到30个以上。

（3）动物暴发疯牛病等人畜共患病感染到人，并继续大面积扩散蔓延。

（4）农业部认定的特别重大的高致病性猪蓝耳病、小反刍兽疫疫情。

（5）农业部认定的其他特别重大突发动物疫情。

（二）重大突发动物疫情（Ⅱ级）

（1）高致病性禽流感在21日内，在省内有3个以上县（市）发生疫情，且疫区连片；省内有3个以上县（市）连续发生疫情，且疫点数达到10个以上呈多发态势。

（2）口蹄疫在14日内，在省内有2个以（含）上相邻市（州）的相邻区域或者5个以上（含）县（市）发生疫情，或有新的口蹄疫亚型出现并发生疫情。

（3）在一个平均潜伏期内，5个以上县（市）发生猪瘟、新城疫疫情，或疫点数达到30个以上。

（4）在我国已消灭的牛瘟、牛肺疫等又有发生，或我国尚未发生的疯牛病、非洲猪瘟、非洲马瘟等疫病传入发生。

（5）在一个平均潜伏期内，布鲁氏菌病、结核病、狂犬病、炭疽等二类动物疫病呈暴发流行，波及5个以上县（市）或其中的人畜共患病发生感染人的病例，并有继续扩散趋势。

（6）省以上兽医行政主管部门认定的重大的高致病性猪蓝耳病、小反刍兽疫疫情。

（7）农业部或省级兽医行政管理部门认定的其他重大突发动物疫情。

（三）较大突发动物疫情（Ⅲ级）

（1）高致病性禽流感在21日内，在省内2个以上县（市）发生疫情，或疫点数达到5个以上。

（2）口蹄疫在14日内，在一个市（州）行政区域内2个以上（含）县（市）发生疫情，或疫点数达到5个以上（含）。

（3）在一个平均潜伏期内，在省内3个以上县（市）发生猪瘟、新城疫疫情，或疫点数达到10个以上。

（4）在一个平均潜伏期内，在省内有3个以上县（市）发生布鲁氏菌病、结核病、狂犬病、炭疽等二类动物疫病暴发流行。

（5）高致病性禽流感、口蹄疫、炭疽等高致病性病原微生物菌种、毒种发生丢失。

（6）高致病性猪蓝耳病、小反刍兽疫在一个平均潜伏期内，在市行政区域内有2个以上县（市）发生疫情。

（7）市级以上兽医行政管理部门认定的其他较大突发动物疫情。

（四）一般突发动物疫情（Ⅳ级）

（1）高致病性禽流感、口蹄疫在一个县（市）行政区域内发生疫情，猪瘟、新城疫等一类动物疫病在3个乡镇行政区域内发生。

（2）二、三类动物疫病在1个县（市）行政区域内呈暴发流行。

（3）高致病性猪蓝耳病、小反刍兽疫在一个平均潜伏期内，在1个县（市）行政区域内呈暴发流行。

（4）省级以上兽医行政管理部门认定的其他一般突发动

物疫情。

四、疫情的监测、预警与报告

（一）监测

国家建立农业部、省、市（州）、县（市）动物疫病预防控制机构以及有关实验室和乡镇、村级防疫员和疫情监测网络，组织开展动物疫情的监测。畜牧兽医部门及林业、水利水产部门按国家有关规定和各自职责分工，结合本地实际负责开展重大动物疫病的日常监测工作。

（二）预警

省级以上畜牧兽医主管部门根据动物卫生监督机构和动物疫病预防控制机构提供的监测信息和国内外突发重大动物疫情动态，按照疫情的发生、发展规律和特点，分析其危害程度和可能的发展趋势，及时发布相应级别的预警，依次用蓝色、黄色、橙色和红色表示一般、较重、严重和特别严重4个预警级别。

预警信息包括突发重大动物疫情的种类、预警级别、起始时间、可能影响范围、警示事项、应当采取的措施和发布机关等。

地方各级政府接到预警信息后，根据预案及时开展部署，迅速通知各相关单位采取措施，防止疫情的发生或进一步蔓延。

（三）报告

1. 报告单位和报告人

从事动物疫情监测、检验检疫、疫病研究与诊疗，以及动物饲养、屠宰、经营、隔离、运输等活动的单位和个人，发现动物染疫或者疑似染疫的，应当立即向当地畜牧兽医主管部门、动物卫生监督机构或者动物疫病预防控制机构报告，并采取隔离等控制措施，防止动物疫情扩散。其他单位和个人发现动物染疫或者疑似染疫的，也应当及时报告。

2. 报告形式

县级以上动物疫病预防控制机构按国家有关规定报告突发重大动物疫情；其他责任报告单位和个人以电话、书面等形式进行报告。

3. 报告时限和程序

任何单位或个人发现疑似重大动物疫情和隐患时，必须立即向所在乡镇畜牧兽医服务中心报告，所在地乡镇畜牧兽医服务中心接到报告后，应立即派出专业技术人员赶赴现场调查诊断，并将情况立即向县级畜牧兽医主管部门报告，畜牧兽医主管部门接到报告后，应立即派出两名以上专业技术人员赶赴现场调查核实，提出初步诊断意见，初诊为疑似重大动物疫病的，应立即报告县（市）人民政府，并按要求在 2 小时内报告市（州）指挥部办公室。在重大动物疫情报告过程中，实行畜牧兽医主管部门（或指挥部）纵向逐级上报，横向报告同级政府的程序。

疑为人畜共患病时，畜牧兽医主管部门应当及时通报同级卫生主管部门。

4. 报告内容

疫情发生的时间、地点、发病动物种类和品种、动物来源、免疫情况、发病数、死亡数、临床症状、是否有人感染、已采取的控制措施、疫情报告单位和报告人等。

乡镇以上畜牧兽医部门在向上一级报告疫情时，还需报告流行病学调查、疫源追踪、病理变化和诊断等情况，必须报送规范的疫情报告，同时填写疑似疫情快报表（表4-1）。

5. 疫情日报

在非常情况下，以及在疑似疫情被确诊后，根据相关规定，启动疫情日报告，将当天疫情发生情况于每天下午逐级报告上级指挥部，同时建立扑疫日志，安排专人做好每天的扑疫相关工作记录，特别是重大事宜一定要作翔实记录。

表4-1 ××省重大动物疫病疑似疫情快报表表样

单位(盖章)： 填报人： 报告时间：

发病地点：	县		乡	村	组		
畜主姓名				联系电话			
饲养方式：集约化场□中小规模□专业户□农户散养□其他□							

疫点基本情况	发病动物种类及日龄	存栏数	发病时间	发病数	死亡数	死亡时间
	合 计					

现场诊断记录：

诊断结果： 专家签字：

送检病料记录(病料和血清分别至少采5头份以上)： 被采样单位盖章或签名： 采样单位盖章或签名： 年 月 日 年 月 日

主管部门意见： 盖章或签名： 年 月 日

省指挥部办公室处理意见： 盖章或签名： 年 月 日

（四）重大动物疫情公布

重大动物疫情由国务院兽医主管部门按规定程序，统一管理并公布疫情，其他任何单位和个人不得以任何形式公布重大动物疫情。

第四节　培育现代农业经营主体

党的"十八大"报告明确指出，要加快发展现代农业，着力促进农民幸福的实现，坚持和完善农村基本经营制度，构建集约化、专业化、组织化、社会化相结合的新型农业经营体系，加快完善城乡发展一体化体制机制。这为我们当前和今后相当长时期农业农村工作指明了方向。

在"十八大"描绘的全面建成小康社会的壮丽前景中，无论是从保障供给看还是从扩大内需看，无论是从经济总量增长看还是从人均收入增加看，无论是从经济发展看还是从"五位一体"发展全局看，我国经济社会发展对农业农村的要求都会越来越高。加快构建新型农业经营体系，是坚定不移走中国特色农业现代化道路的战略性选择。

一、构建新型农业经营体系是时代课题和战略任务

21世纪以来，随着城镇化步伐不断加快，城乡人口结构、就业结构、社会结构深刻调整，我国农业发展到了从传统农业向现代农业加快转型的新阶段，农业发展方式到了由传统小农生产向新型农业经营体系加快转变的新阶段，以农业大户、农民专业合作社和农业龙头企业为代表的新型农业经营主体已经展现了勃勃生机与巨大活力。

展望未来，我国农业发展环境在内部约束、外部影响相互作用的新阶段，新型工农、城乡关系加快形成，农业生产经营方式加快从单一农户、种养为主、手工劳动为主向主体多元、

领域拓宽、广泛采用农业机械和现代科技转变，构建新型农业经营体系已经成为现代化进程中必须完成的时代课题和重大战略任务。

加快构建新型农业经营体系，是实现"四化同步"的必然要求。党的"十八大"报告提出要促进工业化、信息化、城镇化、农业现代化同步发展。目前，我国工业化、信息化、城镇化发展势头强劲，而农业现代化发展则相对滞后，是"四化"中最明显的短板，成为影响经济社会长期均衡稳定发展最突出的隐忧。因此，必须加快发展现代农业，使农业现代化水平尽快与工业化、信息化、城镇化处于同一发展阶段和发展平台。加快构建新型农业经营体系，既可以强化工业化、信息化、城镇化对农业的反哺带动作用，利用工业实力、信息畅通和城镇繁荣带动农业农村快速发展，也有助于保障农产品有效供给、保持农产品价格稳定，为国民经济平稳健康运行奠定基础，使农业现代化对工业化、信息化、城镇化的支撑更为坚实。

加快构建新型农业经营体系，是发展现代农业的重大任务。当前，我国耕地、淡水资源不断减少，农业劳动力素质结构性下降，在工业化城镇化背景下，生产要素也出现了加速向城市流动的态势，而农产品需求则持续刚性增长。因此，必须立足我们的国情、农情和现代化的发展阶段、发展水平，坚定不移地走中国特色农业现代化道路，切实优化农业资源配置方式，大力提高农业资源配置效率，着力推进现代农业发展。这就要求我们在坚持农村基本经营制度的基础上，发展适度规模经营，加快构建农业集约化、专业化、组织化、社会化相结合的新型农业经营体系。一方面高效利用耕地、淡水、劳动力等传统要素，另一方面积极资金、管理、技术等先进要素，不断提高农业现代化水平。

加快构建新型农业经营体系，是促进农民增收的重要途径。党的"十八大"报告要求，要着力促进农民增收，保持农民收入持续较快增长，并提出了 2020 年城乡居民收入比 2010 年翻一番的目标。实现这一目标，需要进一步调整国民收入分配关系，拓宽农民收入来源。但加快构建新型农业经营体系，则是保持农民收入稳定增长的基础和重大促进因素。构建新型农业经营体系，可以转变农业发展方式，提高农业组织化程度和规模化水平，延长农业产业链条，拓展农业功能范围，从而提高劳动生产率和土地产出率，增加农民家庭经营收入；有助于将农村剩余劳动力从土地上解放出来，为其到城市从事生产效率更高的职业解除后顾之忧，同时农业产业化龙头企业、农村社会化服务组织创造的大量二、三产业就业机会，能够有力推动农民工资性收入增长；加快构建新型农业经营体系，还能够激活农村房屋、土地等资源要素的内在价值，利用市场化、资本化途径使其产生财产收益，提高农民租金、红利等财产性收入。

二、深刻认识构建新型农业经营体系的丰富内涵

当前，我国正处于全面建成小康社会的关键时期，未来若干年的核心任务是显著缩小贫富差距和城乡差距，使我国经济社会发展实现长期均衡增长。而对农村微观经营体制和微观经济主体进行新的变革则是实现长期均衡增长的基础。党的"十八大"报告提出"坚持和完善农村基本经营制度，构建集约化、专业化、组织化、社会化相结合的新型农业经营体系"，正是对这一发展趋势凝练的概括。

几千年来，中国农业经济以小农经济状态维持着农业立国的形态以及由此产生的文化社会架构。在提出"城乡发展一体化体制机制"的当下，传统意义上的农户单打独斗式的经营根本无法适应市场化的发展需求，农业经营体制上的变革也必将渐进式推进中国农村文化社会组织架构的演变，"集约

化、专业化、组织化、社会化"的农业经营体系已经成为推进现代化进程的要求，成为中国特色农业现代化的必然选择。

集约化，就是要改变以往粗放经营的方式，以适度的规模、相对少的投入获得更高的农业产出；专业化，就是要形成必要的农业生产分工体系，以提高农业生产的效率、质量，提高农民收入；组织化，就是要把分散的小农组织起来，构造有规模、有组织、有科学管理的合作形态，以应对日渐激烈的农业市场竞争；社会化，就是要形成农村社会化的生产服务体系和技术支持体系，以改造小农经济，形成新型社会化服务网络。这就要求进一步增强农民的自我组织能力，发展农民间的多种形式合作，促进我国农村社会化服务网络的发育，使我国的"小农"能够转变为有组织的"大农"。近年来发展迅猛的合作社，正是实现上述目标的有效载体。

构建新型农业经营体系，集约化生产是目标，专业化管理、组织化经营、社会化服务是路径和保障；农业集约化是发展现代农业、繁荣农村经济的必由之路；农业专业化是社会分工和市场经济发展的必然结果和重要标志。实现农业集约化，需要提高农业专业化、组织化和社会化服务水平；推进农业专业化，又有赖于组织化和社会化成熟度的支撑；而组织化水平的提高，则不仅对专业化和社会化提出更高要求，也对其发展形成极大助力；社会化不仅是专业化组织化发展的必然要求和成果，也是其重要保障。集约化、专业化、组织化和社会化，是一个相互依存、相辅相成、相得益彰的整体，不可偏废，不可强调一点不及其余，但也不可平均用力。一定要结合各地实际，针对各地发展水平，整体推进，重点突破，共同发展。

三、培育新型经营主体是构建新型农业经营体系的核心

改革开放以来，我国的农业经营主体已由改革初期相对同质性的家庭经营农户占主导的格局向现阶段的多类型经营主体并存的格局转变。这种多类型的农业经营主体主要包括农户、农业企业、农民专业合作组织以及社区性或行业性的服务组织等。

当前，农户仍然是中国农业生产的基本经营单位。但是，随着农业结构的调整、农村产权制度的清晰与完善、农业劳动力的转移和工业化与城市化的加快，农户群体逐渐开始分化，农业经营者分化为传统农户、专业种植与养殖户、经营与服务性农户、半工半农型农户和非农农户等五种主要类型。这是构建新型农业经营体系的基础。

在我国现行的农村基本经营制度框架下，农民专业合作社已经成为双层经营体制中统一经营的主要担当者，是创新农业经营体制机制、加快转变农业经营方式的主要推动者，是提高组织化程度、发展现代农业、推进适度规模经营、提供专业化社会化服务的主要组织者，是提高农业综合生产能力、保障农产品质量安全、增加农民收入的重要载体，是农业先进生产力及与之相适应的农村生产关系的有机结合体。

2007年《农民专业合作社法》的颁布实施，赋予了专业合作社独立的法人资质和市场主体的地位，极大促进了农民专业合作社的快速发展。最新数据显示，截止2012年年底农民专业合作社数量已达68.9万家。入社农户达到了4 800多万户，约占全国农户总数的20%。仅2012年这一年，就新诞生16.7万家。合作社涵盖了粮、棉、油、肉、蛋、奶、茶等主要产品的生产，其中种植业约占44.5%，养殖业达到了28.2%。

农业产业化龙头企业集成利用资本、技术、人才等生产要素，带动农户发展专业化、标准化、规模化、集约化生产，是构建现代农业产业体系的重要主体，是推进农业产业化经营的关键。到2011年年底，全国各类产业化经营组织达到28万多个，其中，龙头企业11万多家。各类产业化经营组织带动农户达1.1亿户，辐射带动种植业面积占到全国的60%以上，为促进粮食生产"九连增"、农民增收"九连快"提供了有力支撑。

构建新型农业经营体系，关键的任务是促进和引领好规模经营农户、龙头企业、农民专业合作组织以及社区性或行业性的服务组织等新型农业经营主体的形成和发展。当前，构建新型农业经营体系，需要重点提高农业生产经营组织化程度，需要大力培育新型农民，需要积极发展农业经营新型市场主体。这是构建新型农业经营体系的核心。

四、体制机制创新是构建新型农业经营体系的关键

现阶段，加快新型农业经营主体培育与发展的关键，应在其发展要求、发展效率、发展力量、发展机制上寻求突破。只有在坚持农村基本经营制度基础上，完善政府对农业的扶持方式，加快土地、资本、人才等生产要素配置的市场取向改革，营造农业创业与就业的良好环境，建立农业经营者的退出与进入机制，才能尽快构建新型农业经营体系。

要毫不动摇地坚持农村基本经营制度，维护农民土地和集体资产权益。农村改革30多年来的一条重要历史经验，就是始终坚持以家庭承包经营为基础、统分结合的双层经营制度，这是农村的基本经营制度，是党的农村政策的基石。任何时候，我们都必须毫不动摇地坚持，在坚持的基础上完善。当前，坚持农村基本经营制度，要坚定不移地维护农民的土地承包权，任何人都不能剥夺农民的土地财产权利，要切实提高农民在土地增值中的收益比例，切实保护农民的集体资产权益。

要不断完善政府扶持农业的方式，提高新型主体发展效率。各级政府的强农惠农富农政策要不断扩大规模、拓宽领域。一方面，需要继续加大对农业基础性、平台性设施等的公共投入和政策扶持的力度，完善农业公共政策和公共投入的绩效考核；另一方面，对特定的农业扶持措施和政策，应尽可能

直接下达或落实到新型农业经营主体。此外，应有条件允许基层对政府部门的农业扶持资金和政策进行梳理和整合，提高农业扶持政策的效率。

要发展多种形式的适度规模经营，使土地向新型主体流转。我国幅员广阔，各地农业农村发展状况千差万别，构建和完善新型农业经营体系一定要从实际出发，因地制宜发展多种形式的适度规模经营。要在严格保护耕地特别是基本农田的同时，积极稳妥推进土地流转，要按照依法自愿有偿的原则，采取转包、出租、互换、转让、股份合作等多种方式，使土地向种粮大户、种田能手、家庭农场、农民专业合作社流转。发展规模经营一定要坚持适度和循序渐进的原则，土地流转在一定时期内不可能太快，经营规模也不可能太大，绝不能操之过急，尤其不能搞强迫命令、越俎代庖替农民决策。

要加快要素的市场取向改革，满足新型主体发展要求。党的"十八大"报告强调，"要促进城乡要素平等交换和公共资源均衡配置，形成以工促农、以城带乡、工农互惠、城乡一体的新型工农、城乡关系。"但当前的城乡要素流动中，人才、资金、土地等发展要素总体上仍然体现出由乡村往城市流动的特点。要加快要素的市场取向改革，创新体制机制促进要素更多向农业农村流动，为新型农业经营主体的发展奠定物质技术人才基础。

要营造农业创业就业环境，壮大新型主体发展力量。投资农业的企业家、返乡务农的农民工、基层创业的大学生和农村内部的带头人是农村新型农业经营主体的主要来源。要营造农业创业和就业的良好环境，引导和鼓励他们成为新型农业经营主体。由于他们的学历、工作背景以及各自优劣势不尽相同，需要分类指导和提供有针对性的扶持政策。大学生是新型农业经营主体的重要后备力量，应完善大学生农业创业与就业的政策体系，鼓励大学生"村官"在新型农业经营主体中创业和就业，使他们"下得去、干得好、留得住、有发展"；尤其要鼓励大学生"村官"在新型农业经营主体中创业和就业，对相关经营主体给予引入大学生工资和社会保障补贴。

要建立农业退出进入机制，创新新型主体发展机制。建立传统农业经营者的退出机制的前提是坚持农村家庭承包经营制度，坚决维护和发展农民的土地和集体资产权益，这一点必须始终强调，不可动摇。有退出机制就需要重新确定农业进入机制和规则，重点是处理好进入者和退出者的利益关系，进入者资格与能力的认定，进入者之间的公平竞争和择优，进入者经营行为和经营领域的控制。当前要慎重对待工商企业进入农业问题，要引导工商企业规范有序进入现代农业，鼓励工商企业为农户提供产前产中产后服务、投资农业农村基础设施建设，但不提倡工商企业大面积、长时间直接租种农户土地，更要防止企业租地"非粮化"甚至"非农化"倾向。

当前，我国正处在促进工业化、信息化、城镇化和农业现代化同步发展的关键阶段。加快培育新型农业经营主体，构建集约化、专业化、组织化、社会化相结合的新型农业经营体系，有利于补齐农业农村发展的短板，建设城乡发展一体化的美丽中国。党的"十八大"报告中强调的"新型农业经营体系"，既是破解"三农"问题的关键点，也是全面建成小康社会的必由之路。学习贯彻"十八大"精神，我们要始终高举中国特色社会主义旗帜，始终坚持重中之重不动摇，紧紧围绕农业农村科学发展主题，紧紧抓住转变农业农村发展方式主线，锐意进取，开拓创新，着力构建新型农业经营体系，为实现全面建成小康社会宏伟蓝图、开创中国特色农业现代化新局面而奋力前行。

五、家庭经营是新型农业经营体系的主体

2013 年中央一号文件围绕现代农业建设，提出要充分发

挥农村基本经营制度的优越性，着力构建集约化、专业化、组织化、社会化相结合的新型农业经营体系。构建新型农业经营体系不是对原有基本经营制度的否定，而是对原有制度的进一步完善，从而实现多元互动，多元互补，聚力发展。这其中，家庭经营是基础，构建新型农业经营体系必须坚持家庭经营为主体、主力和主导。

1. 破除认识误区，正确看待家庭经营

当今社会对家庭经营存在一些认识上的误区，认为家庭经营无法实现规模化，把家庭经营等同于小农经济。在构建新型农村经营体系中，首先要破除这一认识误区。

（1）家庭经营不等于小农经济。根据上海辞书出版社和农业出版社 1983 年版《经济大辞典》的定义，"小农经济，亦称农民个体经济，一般指以家庭为单位，完全或主要依靠劳动者自己的劳动，独立经营小规模农业，以满足自身消费需要为主的经济。"其特点一是分散；二是生产力低下；三是劳动者是家庭内部成员；四是生产出来的产品都用来自己消费或绝大部分用来自己消费，而不是进行商品交换。由此可见小农经济是与农业经营规模较小和农业生产市场化程度不高以及机械化程度、技术水平较低密切相连的，属于传统农业经济范畴。在生产力极端落后，农业生产规模较小、经营市场化程度较低的情况下，家庭经营组织下的农业经济形式大都是小农经济。但是现代的家庭经营是开放的经济组织形式，其生产过程采用了先进的机械、电子和化肥农药等耕作技术，许多社会化服务已经渗透到生产过程的各个环节，家庭只是组织者、管理者，而非具体实施操作者，很多作业都是在社会化大分工和大协作下完成的；生产规模可以是几十亩，也可以是几百亩，几千亩，甚至几万亩，美国的家庭农场平均在 3 500 亩以上；生产出来的产品也主要用于市场交换，因此现代家庭经营组织下的农业经济已经完全突破传统意义上的家庭经营概念，不再是小规模的、落后的、封闭的、自给自足的小农经济，而成为现代农业经济的重要组织形式。

（2）家庭经营可以实现规模化。一些人认为家庭经营使土地过于分散和零碎，难以实现农业规模经营。这种认识不但没有搞清楚农业规模化的概念，而且对农业家庭经营的运作缺乏深入思考。一是农业的规模化经营不仅仅意味着只是集中土地。现代农业的规模化也可以是产业布局的规模化、产业链条的规模化、组织的规模化以及服务的规模化，如农业生产资料供给、农业技术服务、农产品销售加工、农业服务体系等，完全可以依靠农户专业合作的形式，通过分户生产，联合加工，实现某一产品在区域内形成专业化分工的社会化大协作和规模化大生产。二是家庭经营并不意味着一个家庭只可以经营自家土地。不愿意从事农业生产的农户可以把土地转租给只以农业为主的职业化农户，从而实现土地集中型的适度规模经营。在我国，随着人口流动的不断增加，这种形式的土地流转将按照市场化的规律持续推进，适度规模的家庭农场和专业大户是未来农业发展的趋势。可见，农业家庭经营与农业规模化经营之间并不矛盾，农业规模化经营是家庭承包经营的延伸和发展，其本质是为了进一步解放和发展农村生产力。三是家庭经营实现规模化的程度和速度取决于城市化吸纳劳动力的程度和速度。只有当城市化进程中真正按照市场规律而不是人为的扭曲市场需求，大量吸纳农村劳动力，使进城农民能够安居乐业，无后顾之忧时，他们才愿意退出农地经营，那些专门从事农业的农户才有可能扩大规模。目前，家庭经营在土地问题上实现规模化的障碍，不在家庭经营自身，而在于城镇化率还不够高，而且也存在着假城镇化的现象，一亿多农村劳动力进了城，但没有成为真正的市民，他们还有着太多的后顾之忧，无法退出农地，自断后路，那些职业化农民也就无法扩大土地的经营规模。

（3）家庭经营同样可以建成现代农业。一是家庭经营同样可以实现生产机械化。使用机器是现代农业的基本特征，一说到机器，有人就觉得很昂贵，不是一般家庭所消费得起的，其实，机械化可以是大规模型的，比如美国；可以是中等规模型的，比如欧洲；还可以是小规模型的，比如日本。日本农业的机械化早在20个世纪中期，就已经在家庭普及了，那时每100户农户拥有拖拉机112台、插秧机53台、联合收割机30台，我国20世纪70年代出现的手扶拖拉机就是万里同志到日本访问从日本引进的。随着生活水平的提高和科技的进步，"买得起、用得好、有效益"的农机将越来越多地进入寻常百姓家。二是家庭经营同样可以实现产品标准化、商业化、高质量化。随着市场经济的发展，普通农户都明白一个道理，要想把农产品卖出去，卖得好价钱，必须首先知道种什么，怎么种。那些农产品经纪人也会自然要求农民种什么，教会农民怎么种。这种"订单农业"就确保了农产品的标准化、商业化和高质量化。三是家庭经营同样可以实现服务的社会化。随着各种服务体系的发育生长，一种农产品从播种到收割到加工到销售等各个环节，无需全部亲历亲为"闭门造车"，完全可以花钱买服务，坐在家里，一个电话一个网络邮件，就有人送上门来。这在发达国家早已成为定式，在我国也已屡见不鲜。

2. 坚持家庭经营为主体是由家庭的社会经济属性决定的

（1）多因素维系的家庭成员关系决定了家庭是一个最紧密的有机整体。家庭既不是一个单纯的经济组织，也不是一个单纯的政治组织或文化组织，它有别于任何其他形式的组织，其维系成员关系的纽带具有多重性、复杂性和稳定性，既有经济因素，又有血缘、心理、情感、文化、伦理、社会、政治等多重因素。这些因素不仅难以把握、不可言传、无法量化，且相互交织、错综复杂。在诸多关系的调适中，宜浓则浓，宜淡则淡；宜多则多，宜少则少；远近亲疏，应时变化。自我生成，无需外力，是一个有机的统一体，其他力量很难打破。在此基础上形成的共识与合力，自然是最大化的，追求的利益与目标自然具有高度的一致性，每个成员都会在农业生产劳动过程中，心往一处想，劲往一处使，无需监督管理。

（2）家庭成员在性别、年龄、体力、技能上的差别有利于劳动分工和劳动力及劳动时间的最佳组合。农业生产作业项目，对劳动者体力和智力要求呈现多层次、多样化特点，而农户家庭成员在性别、年龄、体力、智力上的多层次、多样性正好与此相适应。平时一人为主，忙时全家上阵，必要时还可以少量雇工，农闲时除了照看人员外，其他人还可以外出兼业，这样，家庭就成为一个小而全的生产单位，家庭成员在时间上和劳动力上的利用都可能达到最佳组合。因此，以家庭为单位组织农业生产能够最充分地利用各种劳动力，最有效地配置闲置劳动时间，恰当地进行劳动分工，通过家庭成员相互默契的合作与协调，提高作业质量和效率。舒尔茨发表于 1964 年的学术专著《改造传统农业》一书中认为，传统农业在给定的条件下并不存在资源配置的效率低下问题，各种生产要素都得到了最佳配置，且充分发挥了自己应该发挥的作用。即使专门从事这方面研究的专家，也找不出资源配置出了什么问题。

（3）最佳利益共同体的特性决定了家庭经营的动力是内生性的，且创造力全部用于生产性的努力，而不用于分配性的努力。家庭成员之间组成的这个利益共同体，无论从哪个方面考量，都是无与伦比的最佳组合，其水乳交融的紧密关系是无可替代的。不论内部矛盾冲突多大，一遇外部矛盾都会搁置争议，共同向外。从这个意义上说，家是国的缩小，国是家的放大。在这种关系上形成的家庭经营组织形式，无需精密的劳动计量与劳动报酬相衔接来激发活力，每个成员都会自愿地把家庭的利益当成自己的利益，在生产劳动过程中，同心协力，不讲价钱，不计报酬，拼命工作。这种自发性的自觉行为，更能激发出劳动者的主动性和创造力，从而实现管理成本最低，而管理成效最高的目标。其他非家庭性的利益共同体组织，总有一部分人把创造力用于非生产性努力，热衷于分配别人的财富而非自己创造财富，使创造力耗散导致效率衰减。

3. 坚持家庭经营为主体是由农业生产的特点决定的

（1）农产品是一个活的生命体，这一自身属性决定了农产品不可能像工业产品一样统一、集中生产。农业生产过程是人们利用自然界的各种资源和养分对有生命的动植物进行产品生产的过程。这种生命的再生产不同于工业生产。一是其对环境所表现出来的选择性是主动的，一般不可搬移，而工业产品所表现出来的对环境的选择性则是被动的，可以随意改变。二是农产品的生产是一个具有时间顺序的连续过程，各个环节只有继起性，而工业产品则可以具有并列性。三是工业产品是无生命的，可以搬移、分割，可以按照人的意志来设计和生产，可以进行作业交叉，也可以进行多条流水线集中生产，而农产品的生产有其自身的周期性，生产的各个阶段有着明确的间隔和时间顺序，整个生产过程只能由一个阶段到另一个阶段依次而不间断地进行，无法集中资源一次性完成各个阶段的操作。四是农业生产具有严格的季节性和地域性，生产时间和劳动时间不一致。各种农产品都有他们最适宜的自然生长条件，不同自然条件下，生产农产品的人工投入以及最后得到的产品的产量和质量都会有所差异，因此其生产过程需要因地制宜，不能随意的更改生产时间、地点和环境。五是在农业生产的整个过程中，除了劳动时间外，动植物还需要一定的时间来完成自身的生产过程。人需要十月怀胎，而一个鸡蛋的生成时间必须25.5 小时。舍此就无法产生一个完整的生命体，完成一个生命周期。因此，农业的劳动时间要比生产时间短，但是劳动却贯穿着生产的整个过程，而且需要随时关注，灵活把握。这些问题的解决，只有通过以家庭经营为主体的组织形式，才是最有效的途径。

（2）农产品生产过程的整体性决定了无法衡量某一单独时期内劳动的质与量。无论是农业生产还是工业生产，都需要解决效率问题，而要解决效率问题，首先必须解决激励问题，要解决激励问题就需要准确计量劳动者劳动的质和量，并与报酬挂钩。在农业生产中，劳动很少有中间产品，劳动者在生产过程中各环节的劳动支出状况只能在最终产品上表现出来，但是，农业生产的自然条件迥异且具有不可控性，因此，各个劳动者在某一时刻的劳动支出对最终产品的有效作用很难计量。这时，只有在以家庭为经营单位的条件下，才有可能较好地做到将农业生产者在生产过程中各项劳动的质与量与最终的劳动成果及其分配直接紧密联系起来。

（3）农业生产的特点决定了其生产作业大都须由同一劳动者连续完成。在农业生产的过程中，同一时期的作业比较单一，不同时期的不同作业多数必须由同一劳动者连续完成。农业生产更像教师教书和医生看病一样，是个良心活，用心和不用心大不一样。学生频繁更换老师，患者频繁更换医生，失去连续性，学生的学习和患者的医治都会大受影响。种庄稼也像养孩子，每时每刻都要不间断地关注他的冷暖饥渴，状态变化，一有闪失，后患难测。为了不误农时，在播种、收割、基础设施建设等生产活动也会出现协作，通过协作可以及时完成作业，但是这些协作多是简单的合作。就是这些简单的合作，大都也需要在同一劳动者具体组织管理下实施操作。除此之外的大部分作业很难施行严格的分工协作，因此大田农业生产不合采用工厂化劳动，而更适合采取家庭经营方式。

4. 坚持家庭经营为主体是世界农业的发展经验

纵观世界农业发展的经验，无论是发达国家还是发展中国家，以家庭经营为主体，都是农业生产经营的最佳组织形式。

纵向上看，在各种人类社会制度下，农业家庭经营始终是农业生产的基础。在原始社会时期，人类就是以家庭或部落为单位，进行着采集和狩猎以及简单的农业生产。在奴隶制社会，以奴隶主家庭为单位组织奴隶进行农业生产。在封建社会，农业更是经历了几千年漫长的以家庭为单位的农业生产时期。到了资本主义阶段，尽管资本主义工业革命把家庭农业纳入了资本主义大生产的轨道，但是却没有把农业以家庭为基本生产经营单位的格局改变，农业顺应资本主义生产关系和生产力的发展而以一种新的面貌，即资本主义"家庭农场"的形式出现。多年的社会主义实践，苏联的集体农庄失败了，中国的人民公社失败了，中国改革开放以来家庭承包经营的成功经验，也充分证明家庭经营为主体是经济效益最大化的农业生产经营方式。美国、加拿大、澳大利亚、法国平均每个农业经济活动人口耕地面积分别是我国的 326 倍、660 倍、487 倍、145 倍，而我国近些年粮食总产和肉类总产均居世界第一。我国耕地占世界的 7.2%，而 2010 年稻谷、小麦、玉米分别占世界总产的 30%、18%、21%，可见我国小规模的家庭经营效率之高、效益之大。

横向上看，发达国家的成功范例大都是家庭经营体制。英、法、美、德、日等国家，农业有 80% 以上属于家庭农场。英国是最早进入资本主义时代的国家，也是马克思主义经典作家用以考察资本主义制度发展演变规律的主要对象。在英国，随着 19 世纪英国谷物法的废除，自有自营的农场比例不断增加，英格兰和威尔士的自营农场，在英国农场总数中所占的比例不断加大，1914 年为 11.3%，1983 年跃升为 74.4%。与此同时，自营农场面积在农场总面积中所占的比例也在不断提高，1914 年为 10.9%，1983 年上升为 60.2%。如果把北爱尔兰的情况考虑在内，这一比例会更高。在美国，在其农场演变的半个多世纪里，虽然农场数目减少了，但是，大多数商品化农场都是由家庭经营的，立足于全家人的劳动，不雇佣工人或在农忙季节少量雇工，而美国许多雇工大农场是依靠政府各种补贴才得以生存和发展。在德国，经过私有化土地所有制改革，至1995年成立了3万多个不同形式的农场，其中约有90%是家庭农场或合伙农场。在法国，家庭农场是基本经营单位，尽管在二次世界大战后，其农场规模经历了由小到大，数量由多到少的演变过程，但农场经营规模的扩大并没有改变家庭农场占主导地位的格局，公司制农场仅占农场总数的10%左右。在日本，由于人多地少和土改后分田到户，普遍采取一家一户的小规模经营，目前的专业农户仍然主要依靠家庭劳动力进行耕作。在原实行计划经济体制的国家里，除南斯拉夫和波兰外，在一段时期内实行了农业的集体化经营，但是经济效益普遍不佳，都逐渐恢复了以家庭经营为主的农业经营格局。

由此可见，坚持家庭经营为主体的农业生产经营方式是历史的必然，是大势所趋，是各时期，各国经验的总结，是人类在经历无数次尝试后得出的适合农业发展的正确选择。

5. 坚持家庭经营基础上的多元互补

家庭经营很好地解决了农业生产内部组织问题，但这种组织形式要更好发挥作用还必须具备一定外部条件。因此，构建新型农业经营体系，还需在坚持家庭经营的基础上实现多元互动、多元互补。具体来说，这一新型体系应包括以下6个方面。

一是新型职业化农民。培育有文化、懂技术、会经营、善管理的新型职业化农民是构建新型农业经营体系的关键。新型职业农民在身份上不一定是农民，但是，其从事的是农业工作，由于新型职业化农民的综合素质和专业技能优势，他们可以带来更好的经济效益，他们将固定乃至终身从事农业，是农业的真正继承人。

二是农业专业大户。专业大户是土生土长的农民土专家，他们在家庭承包经营的框架内，通过投入要素的增加和组合的优化，使家庭经营的容量得到有效的扩充和提升，是对家庭内部开发致富领域的拓展。发展专业大户既符合农业结构升级转型的内在要求，又符合专业化的发展方向，更符合农村家庭的致富愿望。专业大户的培养，是我国构建新型农业经营体系不可或缺的一个重要组成部分。

三是家庭农场。家庭农场是以家庭成员为主要劳动力，从事农业规模化、集约化、商品化生产经营，并以农业收入为家庭主要收入来源的新型农业经营主体，类似于传统农业中的自耕农。中科院研究员党国英认为，我国农户平均经营规模应在60亩以上，种粮的多一些，种菜的少一些。现阶段，种粮规模百亩以上，土地利用率会提高10%，经济效益会提高25%。根据目前管理水平，技术装备，服务配套体系等多种因素，平原地区种粮农户不宜超过300亩，种菜不宜超过30亩。家庭农场应是我国农业未来的发展方向。

四是农业专业合作社。农民专业合作社是家庭承包经营基础上，同类农产品生产经营者或同类生产经营服务的提供者、利用者，它是建立在自愿联合、民主管理基础上的互助经济组织。它不但可以提高农民组织化程度，还可以连接小农户与大市场，提供社会化服务，承担起农民组织、产业延伸、市场中介、分散风险和社会化服务等多种功能。同时，农业专业合作社是以家庭经营为基础，入社自愿，退社自由的专业合作，这既体现了农业合作的一般特点，又反映了农业发展现实，真正做到了"生产在家，服务在社"。

五是带动效应明显的龙头企业。龙头企业集成利用资本、技术、人才等生产要素，带动农户发展专业化、标准化、规模化、集约化生产，是现阶段构建新型农业经营体系的有生力量。这里需要强调的是，对龙头企业的选择，最重要的一条就是对农民具有明显的带动效应而非挤出效应或"替代"效应。对那些只"代替"、不"带动"农户的大公司大企业，不仅不能支持，还应严格限制。

六是农业服务组织。新型农业社会化服务组织发展起来，可以有效地把各种现代生产要素注入家庭经营之中，能够把千家万户的分散生产经营变为千家万户相互联结、共同行动的合作生产、联合经营，实现小规模经营与大市场的有效对接，大幅度降低市场风险。

总之，家庭经营是我国农村的基本经营制度，坚持家庭经营为主是保证我国农业生产得以高效、顺利进行的基础保障，是农业进步和发展的基石。多元发展是对农村基本经营形式的拓展和补充，通过多元互动、多元互补可以让农业家庭经营得到延伸和发展，进而确保家庭经营这一最适于农业生产的基本制度的稳定。

第五章　农民增收减负及农业支持政策法规

第一节　农村惠农政策

一、粮食直补政策

粮食直补，全称为粮食直接补贴，是为进一步促进粮食生产、保护粮食综合生产能力、调动农民种粮积极性和增加农民收入，国家财政按一定的补贴标准和粮食实际种植面积，对农户直接给予的补贴。从 2010 年起，补贴资金原则上要求发放到从事粮食生产的农民，具体由各省级人民政府根据实际情况确定。2011 年，逐步加大对种粮农民直接补贴力度，粮食直补资金达 151 亿元，将粮食直补与粮食播种面积、产量和交售商品粮数量挂钩。取消以前种多少报多少补多少的原则。各省根据中央粮食直补精神，针对当地实际情况，制定具体实施办法。

（一）补贴原则

坚持粮食直补向产粮大县、产粮大户倾斜的原则，省级政府依据当地粮食生产的实际情况，对种粮农民给予直接补贴。

（二）补贴范围与对象

粮食主产省、自治区必须在全省范围内实行对种粮农民（包括主产粮食的国有农场的种粮职工）直接补贴；其他省、自治区、直辖市也要比照粮食主产省、自治区的做法，对粮食主产县（市）的种粮农民（包括主产粮食的国有农场的种粮职工)实行直接补贴，具体实施范围由省级人民政府根据当地实际情况自行决定。

（三）补贴方式

对种粮农户的补贴方式，粮食主产省、自治区（指河北、内蒙古自治区、辽宁、吉林、黑龙江、江苏、安徽、江西、山东、河南、湖北、湖南、四川，下同）原则上按种粮农户的实际种植面积补贴；如采取其他补贴方式，也要剔除不种粮因素，尽可能做到与种植面积接近。其他省、自治区、直辖市要结合当地实际，选择切实可行的补贴方式。具体补贴方式由省级人民政府根据当地实际情况确定。

（四）兑付方式

粮食直补资金的兑付方式，尽快实行"一卡通"或"一折通"的方式，向农户发放储蓄卡或储蓄存折。当年的粮食直补资金尽可能在播种后3个月内一次性全部兑付到农户，最迟要在9月底之前基本兑付完毕。

（五）监管措施

（1）粮食直补资金实行专户管理。直补资金通过省、市、县(市)级财政部门在同级农业发展银行开设的粮食风险基金专户进行管理。各级财政部门要在粮食风险基金专户下单设粮食直补资金专账，对直补资金进行单独核算。县以下没有农业发展银行的，有关部门要在农村信用社等金融机构开设粮食直补资金专户。要确保粮食直补资金专户管理、封闭运行。

（2）粮食直补资金的兑付，要做到公开、公平、公正。每个农户的补贴面积、补贴标准、补贴金额都要张榜公布，接受群众的监督。

（3）粮食直补的有关资料，要分类归档，严格管理。

（4）坚持粮食省长负责制，积极稳妥地推进粮食直补工作。

二、农资综合补贴政策

农资综合补贴是指政府对农民购买农业生产资料(包括化肥、柴油、种子、农机)实行的一种直接补贴制度。在综合考虑了影响农民种粮成本、收益等变化因素后,通过农资综合补贴及各种补贴,来保证农民种粮收益的相对稳定,促进国家粮食安全。

建立和完善农资综合补贴动态调整制度,应根据化肥、柴油等农资价格变动,遵循"价补统筹、动态调整、只增不减"的原则,及时安排农资综合补贴资金,合理弥补种粮农民增加的农业生产资料成本。农资综合补贴动态调整机制从 2009 年开始实施。根据农资综合补贴动态调整机制要求,经国务院同意,从 2009 年起,中央财政为应对农资价格上涨而预留的新增农资综合补贴资金,不直接兑付到种粮农户,集中用于粮食基础能力建设,以加快改善农业生产条件,促进粮食生产稳步发展和农民持续增收。2011 年,中央财政共安排农资综合补贴 860 亿元,新增部分重点支持种粮大户。2011 年 1 月,中央财政已将 98% 的资金预拨到地方,力争在春耕前通过"一卡通"或"一折通"直接兑付到农民手中。

(一) 补贴原则

应根据化肥、柴油等农资价格变动,遵循"价补统筹、动态调整、只增不减"的原则,及时安排农资综合补贴资金,合理弥补种粮农民增加的农业生产资料成本。

(二) 补贴重点

新增部分重点支持种粮大户。

(三) 新增补贴资金的分配和使用

(1) 中央财政对各省(区、市)按因素法测算分配新增补贴资金。分配因素以各省(区、市)粮食播种面积、产量、商品等粮食生产方面的因素为主，体现对粮食主产区的支持，同时考虑财力状况，给中西部地区适当照顾。

（2）中央财政分配到省（区、市）的新增补贴资金由各省级人民政府包干使用。省级人民政府要根据中央补助额度，统筹本省财力，科学规划。坚决防止出现项目过多、规划过大、资金不足而影响实施效果等问题。

（3）省级人民政府要统筹集中使用补助资金，支持事项的选择权和资金分配权不得层层下放，以防止扩大使用范围、资金安排"撒胡椒面"等问题的发生，确保资金使用安全、高效。

（四）兑付方式

农资综合补贴资金的兑付，尽快实行"一卡通"或"一折通"的方式，向农户发放储蓄卡或储蓄存折。

（五）监管措施

（1）农资综合补贴资金类似粮食直补资金，实行专户管理。补贴资金通过省、市、县（市）级财政部门在同级农业发展银行开设的粮食风险基金专户进行管理。各级财政部门要在粮食风险基金专户下单设农资综合补贴资金专账，对补贴资金进行单独核算。县以下没有农业发展银行的，有关部门要在农村信用社等金融机构开设农资综合补贴资金专户。要确保农资综合补贴资金专户管理、封闭运行。

（2）农资综合补贴资金的兑付，要做到公开、公平、公正。每个农户的补贴面积、补贴标准、补贴金额都要张榜公布，接受群众的监督。

（3）农资综合补贴的有关资料，要分类归档，严格管理。

（4）坚持农资综合补贴省长负责制，积极稳妥地推进工作。

三、农作物良种补贴政策

所谓农作物良种补贴，就是指对一地区优势区域内种植主要优质粮食作物的农户，根据品种给予一定的资金补贴，目的是支持农民积极使用优良作物种子，提高良种覆盖率，增加主要农产品特别是粮食的产量，改善产品品质，推进农业区域化布局。

2011年，良种补贴规模进一步扩大，部分品种补贴标准进一步提高；中央财政安排良种补贴220亿元，比上年增加16亿元。

（一）补贴范围

水稻、小麦、玉米、棉花良种补贴在全国31个省（区、市）实行全覆盖。

大豆良种补贴在辽宁、黑龙江、吉林、内蒙古自治区4省（区）实行全覆盖。

油菜良种补贴在江苏、浙江、安徽、江西、湖北、湖南、重庆、贵州、四川、云南及河南信阳、陕西汉中和安康地区实行冬油菜全覆盖。

青稞良种补贴在四川、云南、西藏自治区、甘肃、青海等省（区）的藏族聚居区实行全覆盖。

（二）补贴对象

在生产中使用农作物良种的农民（含农场职工）给予补贴。

（三）补贴标准

小麦、玉米、大豆、油菜和青稞每亩补贴10元，其中，新疆地区的小麦良种补贴提高到15元。早稻补贴标准提高到15元，与中晚稻和棉花持平。

（四）补贴方式

水稻、玉米、油菜采取现金直接补贴方式，小麦、大豆、棉花可采取统一招标、差价购种补贴方式，也可现金直接补贴，具体由各省根据实际情况确定；继续实行马铃薯原种生产补贴，在藏族聚居区实施青稞良种补贴，在部分花生产区继续实施花生良种补贴。

四、推进农作物病虫害专业化统防统治政策

大力推进农作物病虫害专业化统防统治，既能解决农民一家一户防病治虫难的问题，又能显著提高病虫防治效果、效率和效益，是保障农业生产安全、农产品质量安全、农业生态环境安全的有效措施。根据国务院 2011 年 2 月 9 日常务会议精神，中央财政安排 5 亿元专项资金，对承担实施病虫统防统治工作的 2 000 个专业化防治组织进行补贴。

（一）补贴对象

承担实施病虫统防统治工作的 2 000 个专业化防治组织。

（二）补贴标准

平均每个防治组织补助标准为 25 万元。接受补助的防治组织应具备 3 个基本条件：一是在工商或民政部门注册并在县级农业行政部门备案；二是具备日作业能力在 1 000 亩以上的技术、人员和设备等条件；三是承包防治面积达到一定规模，具体为南方中晚稻 1 万亩以上，小麦、早稻或北方一季稻面积 2 万亩以上，玉米 3 万亩以上。

（三）补贴资金用途

补贴资金主要用于购置防治药剂、田间作业防护用品、机械维护用品和病虫害调查工具等方面，提升防治组织的科学防控水平和综合服务能力。

（四）实施范围

全国 29 个省（区、市）小麦、水稻、玉米三大粮食作物主产区 800 个县（场）和迁飞性、流行性重大病虫源头区 200 个县

的专业化统防统治。

（五）补贴程序

需要补助的防治服务组织，需先向县级农业行政主管部门提出书面申请，经确认资格并核实能承担的防治任务后可享受补贴。

五、增加产粮大县奖励政策

为改善和增强产粮大县财力状况，调动地方政府重农抓粮的积极性，2005年中央财政出台了产粮大县奖励政策。政策实施以来，中央财政一方面逐年加大奖励力度，一方面不断完善奖励机制。2009年产粮大县奖励资金规模达到175亿元，奖励县数达到1 000多个。2010年中央财政继续加大产粮大县奖励力度，进一步完善奖励办法，稳步提高粮食主产区财力水平，调动其发展粮食生产的积极性。2010年产粮大县奖励资金规模约210亿元，奖励县数达到1 000多个。2011年中央财政安排225亿元奖励产粮大县，比上年增加15.4亿元，增幅7%。

（一）奖励依据

中央财政依据粮食商品量、产量、播种面积各占50%、25%、25%的权重，测算奖励资金。

（二）奖励对象

对粮食产量或商品量分别位于全国前100位的超级大县，中央财政予以重点奖励；超级产粮大县实行粮食生产"谁滑坡、谁退出，谁增产、谁进入"的动态调整制度。

自2008年起，在产粮大县奖励政策框架内，增加了产油大县奖励，每年安排资金25亿元，由省级人民政府按照"突出重点品种、奖励重点县（市）"的原则确定奖励条件，全国共有900多个县受益。

（三）奖励机制

为更好地发挥奖励资金促进粮食生产和流通的作用，中央财政建立了"存量与增量结合、激励与约束并重"的奖励机制，要求2008年以后新增资金全部用于促进粮油安全方面开支，以前存量部分可继续作为财力性转移支付，由县财政统筹使用，但在地方财力困难有较大缓解后，也要逐步调整用于支持粮食安全方面的开支。

（四）兑付办法

结合地区财力因素，将奖励资金直接"测算到县、拨付到县"。

（五）重点规定

奖励资金不得违规购买、更新小汽车，不得新建办公楼、培训中心，不得搞劳民伤财、不切实际的"形象工程"。

六、支持优势农产品生产和特色农业发展政策

加快推进优势农产品区域布局，大力发展特色农业，是发展现代农业的客观要求，是保障农产品有效供给的重要举措，是增强农产品竞争力、促进农民持续增收的有效手段。围绕贯彻落实连续中央一号文件精神，农业部加快实施优势农产品区域布局规划，深入推进粮棉油糖高产创建，支持特色农业发展。

（一）加快实施优势农产品区域布局规划

按照新一轮《优势农产品区域布局规划》的要求，突出粮食优势区建设，重点抓好优质棉花、糖料、优质苹果等基地建设，积极扶持奶牛、肉牛、肉羊、猪等优势畜产品良种繁育，支持优势水产品出口创汇基地的良种培育、病害防控等基础设施建设，建成一批优势农产品产业带，培育一批在国内外市场有较强竞争力的农产品，建立一批规模较大、市场相对稳定的

优势农产品出口基地，培育一批国内外公认的农产品知名品牌。

（二）加快开展粮棉油糖高产创建

高产创建是农业部从 2008 年起实施的一项稳定发展粮棉油糖生产的重要举措，其关键是集成技术、集约项目、集中力量，促进良种良法配套，挖掘单产潜力，带动大面积平衡增产。这项工作启动以来涌现出一批万亩高产典型，为实现粮食连年增产和农业持续稳定发展发挥了重要作用，实现了由专家产量向农民产量的转变、由单项技术向集成技术的转变、由单纯技术推广向生产方式变革的转变。2009 年，全国 2 050 个粮食高产创建示范片平均亩产 653.6 千克，相同地块比上年增产70.1 千克，增产效果十分显著。2010 年农业部会同财政部研究制定了《2010 年粮棉油糖高产创建实施指导意见》，粮食高产创建示范片大幅度增加，2010 年，中央财政安排专项资金10 亿元，在全国建设高产创建万亩示范片 5 000 个，总面积超过 5 600 万亩，其中粮食作物 4 380 个、油料作物 370 个、新增糖料万亩示范片 50 个，共惠及 7 048 个乡镇（次）、37 688 个村（次）、1 260.77 万农户（次）。目标是按照统一整地播种、统一肥水管理、统一技术培训、统一病虫防治、统一机械收获的"五统一"的技术路线，积极探索万亩示范片规模化生产经营模式和专业化服务组织形式，创新农技推广服务新机制，加快农业规模化、标准化生产步伐。按照《国务院办公厅关于开展2011 年粮食稳定增产行动的意见》，2011 年进一步加大投入，创新机制，在更大规模、更广范围、更高层次上深入推进。

2011 年，中央财政将在 2010 年基础上增加 5 亿元高产创建补助资金。

（1）高产创建范围。粮食高产创建，将选择基础条件好、增产潜力大的 50 个县（市）、500 个乡（镇），开展整乡整县整建制推进粮食高产创建试点。

（2）高产创建推进。要以行政村、乡或县的行政区域为实施范围，以行政部门的协作推进为动力，把万亩示范片的技术模式、组织方式、工作机制，由片到面、由村到乡、由乡到县，覆盖更大范围，实现更高产量。各地要因地制宜，可先实行整村推进，逐步整乡推进，有条件的地方积极探索整县推进。尤其是《全国新增1 000亿斤（1斤＝500克。全书同）粮食生产能力规划（2009—2020年）》中的800个产粮大县（场）也要整合资源，积极推进整乡整县高产创建。

（3）高产创建方式。深入推进高产创建需要科研与推广结合，推动高产优质品种的选育应用、推动高产技术的普及推广、推动科研成果的转化应用。规模化经营和专业化服务结合，引导耕地向种粮大户集中，推进集约化经营。大力发展专业合作社，大力开展专业化服务，探索社会化服务的新模式。

（三）培育壮大特色产业

组织实施《特色农产品区域布局规划》，发挥地方优势资源，引导特色产业健康发展。推进一村一品，强村富民工程和专业示范村镇建设。农业部已建立了发展一村一品联席会议制度，中央财政设立了支持一村一品发展的财政专项资金，重点抓一批一村一品示范村，并认定一批发展一村一品的专业村和专业乡镇，示范带动一村一品发展。

第二节　放心的农业保险政策

政策性农业保险是由政府主导、组织和推动，由财政给予保费补贴或政策扶持，按商业保险规则运作，以支农、惠农和保障"三农"为目的的一种农业保险。政策性农业保险的标的划分为：种植面积广、关系国计民生、对农业和农村经济社会发展有重要意义的农作物，包括水稻、小麦、油菜。为促进生猪产业稳定发展，对有繁殖能力的母猪也建立了重大病害、自然灾害、意外事故等商业保险，财政给予一定比例的保费补贴。政策性农业保险险种主要包括以下几种。

一、农作物保险

发生较为频繁和易造成较大损失的灾害风险，如水灾、风灾、雹灾、旱灾、冻灾、雨灾等自然灾害以及流行性、暴发型病虫害和动植物疫情等。对于水稻、小麦、油菜等主要参保品种，各级财政保费补贴60%，农户缴纳40%。

二、能繁育母猪保险

政府为了解决饲养户的后顾之忧，提高饲养户的养猪积极性，平抑目前市场的猪肉价格，进一步降低养殖能繁母猪的风险，政府对能繁母猪实行政策性保险制度，出台了"母猪保险"。能繁母猪保险责任为重大病害、自然灾害和意外事故所引致的能繁母猪直接死亡。因人为管理不善、故意和过失行为以及违反防疫规定或发病后不及时治疗所造成的能繁母猪死亡，不享受保额赔付。能繁母猪保险保费由财政补贴80%，饲养者承担20%，即每头能繁母猪保额（赔偿金额）1 000元，保费60元，其中，各级财政补贴48元，饲养者承担12元。

三、农业创业者参加政策性农业保险的好处

一是可以享受国家财政的保险费补贴；二是发生保险责任内的自然灾害或意外事故，能够迅速得到补偿，可以尽快恢复再生产；三是可以优先享受到小额信贷支持；四是能够从政府有关方面得到防灾防损指导和丰产丰收信息。

第三节　透明的农业金融扶持政策

为加快发展高效外向农业，提高农业产业化水平，促进农

业增效、农民增收，鼓励和吸引多元化资本投资开发农业，鼓励投资者兴办农业龙头企业，鼓励科研、教学、推广单位到项目县基地实施重大技术推广项目，国家或有关部门对这些项目下拨专门指定用途或特殊用途的专项资金予以补助。这些专项资金都会要求进行单独核算，专款专用，不能挪作他用。补助的专项资金视项目承担的主体情况，分别采取直接补贴、定额补助、贷款贴息以及奖励等多种扶持方式。

一、专项资金补助类型

高效设施农业专项资金，重点补助新建、扩建高效农产品规模基地设施建设。

农业产业化龙头企业发展专项资金，重点补助农业产业化龙头企业及产业化扶贫龙头企业，对于扩大基地规模、实施技术改造、提高加工能力和水平给予适当奖励。

外向型农业专项资金，重点补助新建、扩建出口农产品基地建设及出口农产品品牌培育。

农业三项工程资金，包括农产品流通、农产品品牌和农业产业化工程的扶持资金，重点是基因库建设。

农产品质量建设资金，重点补助新认定的无公害农产品产地、全程质量控制项目及无公害农产品、绿色、有机食品获证奖励。

农民专业合作组织发展资金，重点补助"四有"农民专业合作经济组织，即依据有关规定注册，具有符合"民办、民管、民享"原则的农民合作组织章程；有比较规范的财务管理制度，符合民主管理决策等规范要求；有比较健全的服务网络，能有效地为合作组织成员提供农业专业服务；合作组织成员原则上不少于100户，同时具有一定产业基础。鼓励他们扩大生产规模、提高农产品初加工能力等。

海洋渔业开发资金，重点补助特色高效海洋渔业开发。

丘陵山区农业开发资金，重点补助丘陵地区农业结构调整和基础设施建设。

二、补助对象、政策及标准

按照"谁投资、谁建设、谁服务，财政资金就补助谁"的原则，江苏省省级高效外向农业项目资金的补助对象主要为：种养业大户、农业产业化重点龙头企业、农产品加工流通企业、农产品出口企业、农民专业合作经济组织和农产品行业协会等市场主体，以及农业科研、教学和推广单位。为了推动养猪业的规模化产业化发展，中央财政对于养殖大户实施投资专项补助政策。主要包括以下几种。

年出栏 300～499 头的养殖场，每个场中央补助投资 10 万元。

年出栏 500～999 头的养殖场，每个场中央补助投资 25 万元。

年出栏 1 000～1 999 头的养殖场，每个场中央补助投资 50 万元。

年出栏 2 000～2 999 头的养殖场，每个场中央补助投资 70 万元。

年出栏 3 000 头以上的养殖场，每个场中央补助投资 80 万元。

为加快转变畜禽养殖方式，还对规模养殖实行"以奖代补"，落实规模养殖用地政策，继续实行对畜禽养殖业的各项补贴政策。

三、财政贴息政策

财政贴息是政府提供的一种较为隐蔽的补贴形式，即政府代企业支付部分或全部贷款利息，其实质是向企业成本价格提供补贴。财政贴息是政府为支持特定领域或区域发展，根据国家宏观经济形势和政策目标，对承贷企业的银行贷款利息给予的补贴。政府将加快农村信用担保体系建设，以财政贴息政策等相关方式，解决种养业"贷款难"问题。为鼓励项目建设，政府在财政资金安排方面给予倾斜和大力扶持。农业财政贴息主要有两种方式：一是财政将贴息资金直接拨付给受益农业企业；二是财政将贴息资金拨付给贷款银行，由贷款银行以政策性优惠利率向农业企业提供贷款。为实施农业产业化提升行动，对于成长性好、带动力强的龙头企业给予财政贴息，支持龙头企业跨区域经营，促进优势产业集群发展。中央和地方财政增加农业产业化专项资金，支持龙头企业开展技术研发、节能减排和基地建设等。同时探索采取建立担保基金、担保公司等方式，解决龙头企业融资难问题。此外，为配合各种补贴政策的实施，各个省和市同时出台了较多的惠农政策。

四、小额贷款政策

为促进农业发展，帮助农民致富，金融部门把扶持"高产、优质、高效"农业、帮助农民增收项目作为重点，加大小额贷款支农力度。明确要求基层信用社必须把 65% 的新增贷款用于支持农业生产，支持面不低于农村总户数的 25%，还对涉及小额信贷的致富项目，在原有贷款利率的基础上，下浮 30% 的贷款利率。

五、土地流转资金扶持政策

为加快构建强化农业基础的长效机制，引导农业生产要素资源合理配置，推动国民收入分配切实向"三农"倾斜，鼓励和引导农村土地承包经营权集中连片流转，促进土地适度规模经营，增加农民收入，中央财政设立安排专项资金扶持农村土地流转，用于扶持具有一定规模的、合法有序的农村土地流转，以探索土地流转的有效机制，积极发展农业适度规模经营。例如，江苏省 2008 年安排专项资金 2 000 万元，对具有稳定的土地流转关系，流转期限在 3 年以上，单宗土地流转面积在 66.67 公顷以上（土地股份合作社入股面积 20 公顷以上）的新增土地流转项目，江苏省财政按每公顷 1 500 元的标准对土地流出方（农户）给予一次性奖励。

第四节　税收优惠政策

对于独立的农村生产经营组织，可以享受国家现有的支持农业发展的税收优惠政策。《中华人民共和国农民专业合作社法》第 52 条规定，农民专业合作社享受国家规定的对农业生产、加工、流通、服务和其他涉农经济活动相应的税收优惠。支持农民专业合作社发展的其他税收优惠政策，由国务院规定。

第十一次全国人民代表大会指出："全部取消了农业税、牧业税和特产税，每年减轻农民负担 1 335 亿元。同时，建立农业补贴制度，对农民实行粮食直补、良种补贴、农机具购置补贴和农业生产资料综合补贴，对产粮大县和财政困难县乡实行奖励补助。""这些措施，极大地调动了农民积极性，有力地推动了社会主义新农村建设，农村发生了历史性变化，亿万农民由衷地感到高兴。农业的发展，为整个经济社会的稳定和发展发挥了重要作用。"

第六章　农村土地承包政策法规

第一节　农业用地所有权和使用权

一、农业用地所有权

土地所有权是土地所有者在法律规定范围内，对其拥有土地的占有、使用、收益和处分的权利。我国实行土地的社会主义公有制，即全民所有制（即社会主义国有）和劳动群众集体所有制。

国有土地所有权，即国有土地属全民所有，国家是国有土地唯一的、统一的所有者，国有土地可以确定给任何单位和个人使用，但其所有权不会发生变化。集体土地所有权，其主体是农民集体。农民集体必须具备以下条件：一是具有一定的组织形式，如农村经济组织；二是应当具有法人资格，即被法律认可的能够依法享受权利、承担义务；三是集体成员应为农业户口的农村居民。

（一）农业用地所有权的涵义

农业用地是指直接或间接用于农业生产的土地。按照其用途，农业用地可以分为：耕地、园地、林地、草地、池塘、沟渠、田间道路和其他生产性建筑用地。其中，耕地、园地、林地、草地是农业用地中最主要的土地类型。

农业用地所有权是指农业用地的土地所有者为实现农业生产的目的，对土地所享有的占有、使用、收益和处分的权利。

（二）农业用地所有权的分类

我国的农业用地也存在着全民所有制土地（即社会主义国有土地）和劳动群众集体所有制土地两种形式。

1. 农业用地国家所有权

农业用地国家所有权是农业用地国家所有制在法律上的表现，其主体是具有法人资格的国家。

根据《中华人民共和国宪法》规定，我国农村国有土地主要包括以下几种。

（1）除法律规定由集体所有的森林、山岭、草原、荒地、滩涂之外的全部矿藏、水流、森林、山岭、草原、荒地、滩涂等土地资源。

（2）名胜古迹、自然保护区等特殊用地（不包括区内属集体所有的土地）。

（3）国营农、林、牧、渔等农业企业、事业单位使用的土地。

（4）国家拨给国家机关、部队、国防设施、国营公共交通（铁路、公路、码头、机场）、学校等非农企业、事业单位使用的土地。

（5）国家拨给农村集体和个人使用的国有土地。

（6）法律规定属于集体所有以外的一切土地。

2. 农业用地集体所有权

农业用地集体所有权的客体是集体土地，依据相关规定，我国农村和城市郊区的土地，除法律规定属于国家所有之外，属于农民集体所有；宅基地和自留地、自留山，属于农民集体所有。

由于我国农村中客观存在着多种形式的集体组织，集体土地所有权主体有以下几种类型。

（1）村农民集体。由村农民集体经济组织或村民委员会经营、管理。这是现阶段农村集体土地所有权主体的主要类型。

（2）乡（镇）农民集体。如果土地已经属于乡（镇）农民集体所有的，可以由乡（镇）农民集体所有，由乡（镇）农民集体经济组织经营、管理。由于我国农村客观存在着少数原来已经公社化的土地，同时农林渔场的土地以及某些工业企业使用的土地大多属于乡（镇）所有，因此由乡（镇）行使所有权较为现实、妥当。

（3）村内多个农民集体。如果村内有两个以上农村集体经济组织，如多个村民小组等，而土地已经属于这些集体所有，集体土地可以归该组织农民所有，并由该组织经营、管理。这主要是考虑到当前有些地区村民小组仍然是农业经济集体和土地发包单位，由其继续经营、管理，有利于稳定目前农村的集体土地所有制。

二、农业用地使用权

土地使用权是单位或个人经国家依法确认的使用土地的权利，它分为国有土地使用权、集体土地建设用地使用权、农业生产用地的承包经营权。

农业生产用地的承包经营权是指集体或者个人通过承包、转包等形式依法取得的使用农民集体或国家所有土地从事广义农业生产的权利。它是一种使用土地的特定形式，它以合同的方式使用土地，是不经政府确定的一种使用权。

我国《农村土地承包法》具体规定了农业用地承包经营权流转制度和乡镇企业有偿使用制度。凡占用集体所有土地的乡镇办企业、村办企业、联营企业和个体企业均按规定交纳土地使用费。土地使用费由土地管理部门负责逐年收取。

第二节　农村土地承包制度及流转

一、土地家庭承包经营权的期限

2002 年颁布的《农村土地承包法》第四条和第二十条规定，国家依法保护农村土地承包关系的长期稳定，耕地的承包期限为 30 年；草地的承包期限为 30～50 年；林地的承包期限为 30～70 年；特殊林木的林地承包期，经国务院林业行政主管部门批准可以延长。

第二轮土地承包过程中，有的地方签订的承包合同约定的承包期达不到法律规定期限的，应当按照法律规定修改承包期。有的地方按照当地人民政府的有关规定签订的承包合同，约定的承包期比该法规定的期限更长的，其承包期限继续有效，不必修改，也不得重新承包。

二、承包期内不得收回承包地的规定

1. 承包期内不得收回承包地

承包期内发包方不得收回承包地。但是，承包期内，承包方全家迁入设区的市，转为非农业户口的，应当将承包的耕地和草地交回发包方。承包方不交回的，发包方可以收回承包的耕地和草地。需要指出的是，由于林地生产周期长，为保护植树造林的积极性，《农村土地承包法》规定不得收回承包的林地，承包林地的农民全家迁入设区的城市后，可以进行土地承包经营权流转，也可以继续承包经营。

2. 农民全家迁入小城镇后承包土地的处理

目前我国小城镇的社会保障制度尚不健全，农民在小城镇一旦遇到工作困难，还是要回到农村从事农业生产，以此作为基本的社会保障。因此，《农村土地承包法》规定，承包期内，

承包方全家迁入小城镇落户的，应当按照承包方的意愿，保留其土地承包经营权或者允许其依法进行土地承包经营权流转。

三、承包期内不得调整承包地的规定

1. 承包期内不得调整承包地

为了稳定农村土地承包关系，《农村土地承包法》规定，承包期内，发包方不得调整承包地。在《农村土地承包法》实施以后，出现人地矛盾，主要采取 3 种途径解决：一是利用承包时依法预留的机动地（机动地面积不超过本集体经济组织耕地总面积的 5%）、承包期内依法开垦增加的土地、承包方依法自愿交回的土地等，发包给新增人口；二是依法进行土地承包经营权流转，通过转包、出租、转让等方式，在稳定家庭承包经营的基础上，将土地承包经营权流转到需要的人的手里；三是通过发展乡镇企业和第二、三产业，转移农村剩余劳动力，从根本上减轻人口对土地的压力。

2. 允许进行个别调整的情形及程序

承包期内，因自然灾害严重毁损承包地等特殊情况对个别农户之间承包的耕地和草地需要适当调整的，必须经本集体经济组织成员的村民会议 2/3 以上成员或者 2/3 以上村民代表的同意，并报乡（镇）人民政府和县级人民政府等农业行政主管部门批准。承包合同中约定不得调整的，按照其约定执行。

四、家庭承包经营权的继承

《农村土地承包法》第 31 条区分 3 种不同情况，对继承问题做出了规定。

一是家庭承包的土地承包经营权不发生继承问题。通过家庭承包形式取得的土地承包经营权，家庭的某个或者部分成员死亡的，土地承包经营权不发生继承问题。家庭成员全部死亡的，土地承包经营权灭失，由发包方收回承包地。

二是承包人应得的收益可以依法继承。在承包期内，承包人死亡的，其依法应当获得的承包收益，按照《中华人民共和国继承法》的规定可以继承。这里的承包人应当理解为承包户的家庭成员。

三是林地的承包经营权的继承。林地承包的承包人死亡，其继承人可以在承包期内继续承包。这里主要是指，家庭承包的林地，在家庭成员全部死亡的，最后一个死亡的家庭成员的继承人（可以是本集体经济组织成员，也可以是集体经济组织以外的继承人），在承包期内均可以继续承包，直到承包期满。

五、土地家庭承包经营权的流转

我国《农村土地承包法》规定，农户的土地承包经营权可以依法流转。在稳定农户的土地承包关系的基础上，允许土地承包经营权合理流转，是农业发展的客观要求。而确保家庭承包经营制度长期稳定，赋予农户长期而有保障的土地使用权，是土地承包经营权流转的基本前提。

1. 土地承包经营权流转的原则

（1）平等协商、自愿、有偿原则。根据我国《农村土地承包法》第33条规定，土地承包经营权的流转应当遵循该原则。尊重农户在土地使用权流转中的意愿，平等协商，严格按照法定程序操作，充分体现有偿使用原则，不搞强迫命令等违反农民意愿的硬性流转。流转的期限不得超过承包期的剩余期限，受让方须有农业经营能力，在同等条件下本集体经济组织成员享有优先权。

（2）不得改变土地集体所有性质、不得改变土地用途、不得损害农民土地承包权益（"三个不得"）。党的十七届三中全会审议通过的《中共中央关于推进农村改革发展若干重大问题的决定》中规定，上述"三个不得"是农村土地流转必须遵循的重大原则。农村土地归集体所有，土地流转的只是承包经营权，不能在流转中变更土地所有权属性，侵犯农村集体利益。实行土地用途管制是我国土地管理的一项重要制度，农地只能农用。在土地承包经营权流转中，农民的流转自主权、收益权要得到切实保障，转包方和农村基层组织不能以任何借口强迫流转或者压低租金价格，侵犯农民的权益。

2. 土地承包经营权流转的方式

依据我国《农村土地承包法》第37条规定，土地承包经营权的流转主要是以下几种方式：转包、出租、互换、转让、入股。

（1）转包。主要是指承包方把自己承包期内承包的土地，在一定期限内全部或部分转包给本集体经济组织内部的其他农户耕种。

（2）出租。主要是指承包方作为出租方，将自己承包期内承包的土地，在一定期限内全部或部分租赁给本集体经济组织以外单位或个人，并收取租金的行为。

（3）互换。主要是指土地承包经营权人将自己的土地承包经营权交换给他人行使，自己行使从他人处换来的土地承包经营权。

（4）转让。主要是指土地承包经营权人将其所拥有的未到期的土地承包经营权以一定的方式和条件转移给他人的行为。

转让不同于转包、出租和互换。在转包和出租的情况下，发包方和出租方即原承包方与原发包方的承包关系没有发生变化，新发包方和出租方并不失去土地承包经营权。在互换土地承包经营权中，承包方承包的土地虽发生了变化，但并不因此而丧失土地承包经营权。而在土地承包经营权的转让中，原承包方与发包方的土地承包关系即行终止，转让方（原承包方）不再享有土地承包经营权。

（5）入股。是指承包方之间为了发展农业经济，自愿联合起来，将土地承包经营权入股，从事农业合作生产。这种方式的土地承包经营权入股，主要从事合作性农业生产，以入股的股份作为分红的依据，但各承包户的承包关系不变。

3. 土地承包经营权流转履行的手续

（1）土地承包经营权流转实行合同管理制度。《农村土地承包经营权流转管理办法》规定，土地承包经营权采取转包、出租、互换、转让或者其他方式流转，当事人双方应签订书面流转合同。

农村土地承包经营权流转合同一式四份，流转双方各执一份，发包方和乡（镇）人民政府农村土地承包管理部门各备案一份。承包方将土地交由他人代耕不超过一年的，可以不签订书面合同。承包方委托发包方或者中介服务组织流转其承包土地的，流转合同应当由承包方或其书面委托的代理人签订。农村土地承包经营权流转当事人可以向乡（镇）人民政府农村土地承包管理部门申请合同鉴证。

乡（镇）人民政府农村土地承包管理部门不得强迫土地承包经营权流转当事人接受鉴证。

（2）农村土地承包经营权流转合同内容。农村土地承包经营权流转合同文本格式由省级人民政府农业行政主管部门确定。其主要内容如下。

①双方当事人的姓名、住所。

②流转土地的四至、坐落、面积、质量等级。

③流转的期限和起止日期。

④流转方式。

⑤流转土地的用途。

⑥双方当事人的权利和义务。

⑦流转价款及支付方式。

⑧流转合同到期后地上附着物及相关设施的处理。

⑨违约责任。

（3）农村土地经营权流转合同的登记。进行土地承包经营权流转时，应当依法向相关部门办理登记，并领取土地承包经营权证书和林业证书，同时报乡（镇）政府备案。农村土地经营权流转合同未经登记的，采取转让方式流转土地承包经营权中的受让人不得对抗第三人。

六、其他方式的承包

不宜采取家庭承包方式的荒山、荒沟、荒丘、荒滩（通常并称"四荒"）等农村土地，通过招标、拍卖、公开协商等方式承包的，属于其他方式承包。

1. 其他方式承包的特点

（1）承包方多元性。承包方可以是本集体经济组织成员，也可以是本集体经济组织以外的单位或个人。在同等条件下，本集体经济组织成员享有优先承包权。如果发包方将农村土地发包给本集体经济组织以外的单位或个人承包，应当事先经本集体经济组织成员的村民会议2/3以上成员或者2/3以上村民代表的同意，并报乡（镇）人民政府批准。

（2）承包方法的公开性。承包方法是实行招标、拍卖或者公开协商，发包方按照"效率优先、兼顾公平"的原则确定承包人。

2. 其他方式承包的合同

荒山、荒沟、荒丘、荒滩等可以通过招标、拍卖、公开协商等方式实行承包经营，也可以将土地承包经营权折股给本集体经济组织成员后，再实行承包经营或者股份合作经营。承包荒山、荒沟、荒丘、荒滩的，应当遵守有关法律、行政法规的规定，防治水土流失，保护生态环境。发包方和承包方应当签订承包合同，当事人的权利和义务、承包期限等，由双方协商确定。以招标、拍卖方式承包的，承包费通过公开竞标、竞价确定；以公开协商等方式承包的，承包费由双方议定。

3. 其他方式承包的土地承包经营权流转

通过招标、拍卖、公开协商等方式承包农村土地，经依法登记取得土地承包经营权证或者林权证等证书的，其土地承包经营权可以依法转让、出租、入股、抵押或者其他方式流转。与家庭承包取得的土地承包经营权相比较，少了一个转包，多了一个抵押。

土地承包经营权抵押，是指承包方为了确保自己或者他人债务的履行，将土地不转移占有而提供相应担保。当债务人不履行债务时，债权人就土地承包经营权作价变卖或者折价抵偿，从而实现土地承包经营权的流转。应注意我国现行法律只允许"四荒"土地承包经营权抵押，而大量的家庭承包方式下的土地承包经营权是不允许抵押的。

第三节　农村土地承包合同

一、农村土地承包合同的主体

合同的主体包括合同的发包方和承包方。根据《农村土地承包法》第 12 条规定，合同的发包方是农村集体经济组织、村委会或村民小组。合同的承包方是本集体经济组织的农户，签订合同的发包方是集体经济组织。发包方的代表通常是集体经济组织负责人。承包方的代表是承包土地的农户户主。

二、农村土地承包合同的主要条款

1. 农村土地承包合同条款

农村土地承包合同一般包括以下条款：①发包方、承包方的名称，发包方负责人和承包方代表的姓名、住所；②承包土地的名称、坐落、面积、质量等级；③承包期限和起止日期；

④承包土地的用途；⑤发包方和承包方的权利和义务；⑥违约责任。

2. 承包合同存档、登记

承包的合同一般要求一式三份，发包方、承包方各一份，农村承包合同管理部门存档一份。同时，县级以上地方人民政府应当向承包方颁发土地承包经营权证或者林权证等证书，并登记造册，确认土地承包经营权。颁发土地承包经营权证或者林权证等证书，除按规定收取证书工本费外，不得收取其他费用。

三、农村土地承包合同当事人的权利义务

农村土地承包合同的当事人是发包方和承包方。

1. 发包方的权利和义务

（1）发包方的权利。

①发包本集体所有的或者国家所有由本集体使用的农村土地。

②监督承包方依照承包合同约定的用途合理利用和保护土地。

③制止承包方损害承包地和农业资源的行为。

④法律、行政法规规定的其他权利。

（2）发包方的义务。

①维护承包方的土地承包经营权，不得非法变更、解除承包合同。承包合同生效后，发包方不得因承办人或者负责人的变动而变更或者解除，也不得因集体经济组织的分立或者合并而变更或者解除。承包期内，发包方不得单方面解除承包合同，不得假借少数服从多数强迫承包方放弃或者变更土地承包经营权，不得以划分"口粮田"和"责任田"等为由收回承包地搞招标承包，不得将承包地收回抵顶欠款。

②尊重承包方的生产经营自主权，不得干涉承包方依法进行正常的生产经营活动。

③依照承包合同约定为承包方提供生产、技术、信息等服务。

④执行县、乡（镇）土地利用总体规划，组织本集体经济组织内的农业基础设施建设。

⑤法律、行政法规规定的其他义务。

2. 承包方的权利和义务

（1）承包方的权利。

①依法享有承包地使用、收益和流转的权利，有权自主组织生产经营和处置产品。

②承包地被依法征用、占用的，有权依法取得相应的补偿。

③法律、行政法规规定的其他权利。

（2）承包方的义务。

①维持土地的农业用途，不得用于非农业建设。

②依法保护和合理利用土地，不得给土地造成永久性损害。

③制止承包方损害承包地和农业资源的行为。

④法律、行政法规规定的其他义务。

四、农村土地承包合同纠纷的解决

在土地承包过程中，发包方和承包方难免发生一些纠纷，这些纠纷的解决途径有以下几种。

1. 协商

发包方与承包方发生纠纷后，能够协商解决争议，是纠纷解决的最好办法。这样既节省时间，又节省人力和物力，但是，并不是所有的纠纷都可以通过协商的方式解决。

2. 调解

纠纷发生后，可以请求村民委员会、乡（镇）人民政府调解，也可以请求政府的农业、林业等行政主管部门以及政府设立的负责农业承包管理工作的农村集体经济管理部门进行调解；调解不成的，可以寻求仲裁或者诉讼途径解决纠纷。

3. 仲裁或诉讼

当事人不愿协商、调解或者协商、调解不成的，可以向农村土地承包仲裁机构申请仲裁。对仲裁不服的，可以向人民法院起诉。当然，当事人也可以不经过仲裁，直接向人民法院起诉。

第四节　农村宅基地政策与法规

一、宅基地使用权

1. 宅基地使用权的涵义及特点

宅基地，顾名思义，就是盖住宅用的地。宅基地使用权是经依法审批由农村集体经济组织分配给其成员用于建造住宅的没有使用期限制的集体土地使用权。宅基地使用权具有以下特点。

（1）依法取得。农村村民获得宅基地的使用权，必须履行完备的申请手续，经有关部门批准后才能取得。

（2）永久使用。宅基地使用权没有期限，由农民永久使用。可在宅基地上建造房屋、厕所等建筑物，并享有所有权；在房前屋后种植花草、树木，发展庭院经济，并对其收益享有所有权。

（3）随房屋产权转移。宅基地的使用权依房屋的合法存在而存在，并随房屋所有权的转移而转移。房屋因继承、赠与、买卖等方式转让时，其使用范围内的宅基地使用权也随之转移。在买卖房屋时，宅基地使用权须经过申请批准后才能随房屋转移。

（4）受法律保护。依法取得的宅基地使用权受国家法律保护，任何单位和个人不得侵犯。否则，宅基地使用权人可以请求侵害人停止侵害、排除妨碍、返还占用、赔偿损失。

2. 农村宅基地的法律法规

目前，我国尚没有规范农村宅基地的专门法规，有关宅基地的法律规定，在《中华人民共和国土地管理法》《中华人民共和国民法通则》《中华人民共和国物权法》中均有涉及，各省的《农村宅基地管理办法》在实践中发挥了巨大作用。为进一步加强农村宅基地管理，正确引导农村村民住宅建设，合理、节约使用土地，切实保护耕地，国土资源部2004年颁布了《关于加强农村宅基地管理的意见》。

二、宅基地的申请

农村村民一般是在原有的宅基地上拆旧建新或者是申请新的宅基地，独立建造自家的房屋。我国现行的《土地管理法》第62条规定："农村村民一户只能拥有一处宅基地。"国土资源部《关于加强农村宅基地管理的意见》第（五）项规定："严格宅基地申请条件。坚决贯彻'一户一宅'的法律规定。农村村民一户只能拥有一处宅基地，面积不得超过省（区、市）规定的标准。各地应结合本地实际，制定统一的农村宅基地面积标准和宅基地申请条件。不符合申请条件的不得批准宅基地。"对于由于房产继承等原因形成的多处住宅，原则上不作处理，村民可以采用出卖等方式处理，也可以维持现状。

1. 申请宅基地的条件

可以依法申请农村宅基地的人通常情况下只能为农村村民，而且专指本集体经济组织的成员。农村村民将原有住房出卖、出租或赠与他人后，不可以再申请宅基地。非本村集体经济组织成员或者是城镇居民一般不允许申请宅基地。当然也存在特殊情况。在有些地方，如果经过村民大会同意以及经过相关政府的严格批准后，某些特殊的、非本村村民的其他人也可以申请获得宅基地。例如，《山西省实施〈中华人民共和国土地管理法〉办法》规定，集体经济组织招聘的技术人员在本村落户的可以申请使用宅基地。

2. 申请宅基地的程序

村民申请宅基地要依照下列程序办理申请用地手续。

（1）申请宅基地的村民先向所在地村农业集体经济组织或村民委员会提出建房申请。

（2）村民大会或者村民委员会对申请进行讨论，在表决通过后，上报乡（镇）人民政府审核或者按规定办理批准手续。

（3）政府办理批准手续：占用原宅基地、村内空闲地等非耕地的一般报乡（镇）人民政府审核批准；占用耕地的，由乡镇人民政府审核，经县人民政府土地管理部门审查同意，报县人民政府批准。

（4）由乡镇土地管理所按村镇规划定点划线，准许施工。

（5）房屋竣工后，经有关部门检查验收符合用地要求的，发给集体土地使用证。

三、宅基地及宅基地使用权的流转

农村的土地归集体所有，分配给农民的宅基地，村民只有使用权，而没有所有权，其转让一般随房屋一起转让。宅基地使用权的流转是指宅基地使用权人将其享有的宅基地使用权转让给他人使用，受让人支付价款的法律行为。根据《土地管理法》的规定，土地使用权可以依照法律规定转让，具体转让程序由国务院制定。

宅基地流转的方式主要有以下几种：交换、转让、租赁、入股、赠予等。根据《物权法》第一百五十五条规定："已经登记的宅基地使用权转让或者灭失的，应当及时办理变更登记或者注销登记。"

四、宅基地的继承和收回

1. 宅基地的继承

由于公民对宅基地只有使用权而没有所有权，所以单独宅基地不能继承。但建造在宅基地上的房屋产权属于公民自有，可以继承，按照我国法规规定的"地随房走"原则，可以根据房屋所有权的变更而继续使用宅基地，村集体经济组织是不会也不应该强行要求村民拆除房屋将宅基地腾退出来的。

2. 宅基地的收回

农民依法取得的宅基地受法律保护，集体经济组织不得随意或者擅自收回农民的宅基地。但在下列情况下，集体经济组织是可以收回农民宅基地的。

（1）为乡（镇）村公共设施和公益事业建设，需要使用农民宅基地的。

（2）不按照批准的用途使用宅基地。

（3）因住宅迁移等原因而停止使用宅基地。属于第一种情况收回农民宅基地的，对土地使用权应当给予适当的补偿。

另外，1995年国家土地管理局公布的《确定土地所有权和使用权的若干规定》第52条规定："空闲或房屋坍塌、拆除两年以上未恢复使用的宅基地，不确定土地使用权。已经确定使用权的，由集体报经县级人民政府批准，注销其土地登记，土地由集体收回。"

五、宅基地纠纷的解决

宅基地的纠纷主要有两大类：一类是宅基地使用权确权纠纷，一类是宅基地使用权的侵权纠纷。确权纠纷，是指确认宅基地使用权权属的纠纷，比如，因宅基地地界不清引发的纠纷、宅基地手续不合法引发的纠纷等。侵权纠纷，是指在权属明确的情况下，一方侵犯了另一方宅基地合法的使用权引发的纠纷，例如，邻居侵占了自己的宅基地等。

1. 宅基地使用权确权纠纷的解决

现行《土地管理法》第 16 条规定："土地所有权和使用权争议，由当事人协商解决；协商不成的，由人民政府处理。单位之间的争议，由县级人民政府处理。个人之间、个人与单位之间的争议，由乡级人民政府或者县级以上人民政府处理。当事人对有关人民政府的处理决定不服的，可以自接到处理决定通知之日起 30 日内，向人民法院起诉。在土地所有权和使用权争议解决前，任何一方不得改变土地利用现状。"宅基地使用权确权的纠纷，不能直接向人民法院提起诉讼，而应当先提交土地行政机关处理。

2. 宅基地使用权侵权纠纷的解决

宅基地使用权侵权纠纷，是在权属明确的情况下，即宅基地使用权已经经过土地行政机关的确权登记，一方侵犯了另一方宅基地合法的使用权引发的纠纷，这类纠纷可以通过和解、调解的方式解决，也可以直接向人民法院提起诉讼。

六、宅基地以外的其他集体建设用地

1. 兴办乡镇企业用地

兴办乡镇企业用地是指使用本集体经济组织农民集体所有的土地进行乡镇企业建设的，包括乡（镇）、村（或村民小组）两级农业集体经济组织举办的企业、农民集资联办的企业、农民个体企业以及农民集体与其他单位和个人联办的企业使用本集体所有的土地。但不允许乡（镇）企业使用村或村民小组所有的土地，村办企业也不能使用村民小组或者其他村集体所有的土地。

兴办乡镇企业用地，应当持有关批准文件向县级以上地方人民政府土地行政主管部门提出申请，按照省、自治区、直辖市规定的批准权限，由县级以上地方人民政府批准。涉及占用农用地的，应当先办理农用地转用手续；涉及农民承包的土地，应当由农村集体经济组织对承包经营者予以安置。

2. 乡（镇）村公共设施、公益事业建设用地

乡（镇）村公共设施、公益事业建设用地包括农村道路、水利设施、学校、通讯、医疗卫生、敬老院、幼儿园、乡村行政办公、文化科技、生产服务和公益事业、防洪设施等。这类用地由农民集体经济组织或村民委员会提出，经乡（镇）人民政府审核后，向县级以上人民政府土地行政主管部门申请，按省、自治区、直辖市规定的批准权限批准。

第七章　农村社会保障政策法规

第一节　农村最低生活保障制度

一、农村最低生活保障制度

农村最低生活保障制度是对家庭人均收入低于最低生活保障标准的农村贫困人口按最低生活保障标准实行差额补助的制度。建立农村最低生活保障制度的目标是：通过在全国范围建立农村最低生活保障制度，将符合条件的农村贫困人口全部纳入保障范围，稳定、持久、有效地解决全国农村贫困人口的温饱问题。

农村最低生活保障对象是家庭年人均纯收入低于当地最低生活保障标准的农村居民，主要是因病残、年老体弱、丧失劳动能力以及生存条件恶劣等原因造成生活常年困难的农村居民。农村最低生活保障标准由县级以上地方人民政府按照能够维持当地农村居民全年基本生活所必需的吃饭、穿衣、用水、用电等费用确定，并报上一级地方人民政府备案后公布执行。农村最低生活保障标准要随着当地生活必需品价格变化和人民生活水平提高适时进行调整。

建立农村最低生活保障制度，实行地方人民政府负责制，按属地进行管理。各地要从当地农村经济社会发展水平和财力状况的实际出发，合理确定保障标准和对象范围。同时，要做到制度完善、程序明确、操作规范、方法简便，保证公开、公平、公正。要实行动态管理，做到保障对象有进有出，补助水平有升有降。要与扶贫开发、促进就业以及其他农村社会保障政策、生活性补助措施相衔接，坚持政府救济与家庭赡养扶养、社会互助、个人自立相结合，鼓励和支持有劳动能力的贫困人口生产自救，脱贫致富。

二、农村最低生活保障的申请

农村最低生活保障的管理既要严格规范，又要从农村实际出发，采取简便易行的方法。

（1）申请、审核和审批。申请农村最低生活保障，一般由户主本人向户籍所在地的乡（镇）人民政府提出申请；村民委员会受乡（镇）人民政府委托，也可受理申请。受乡（镇）人民政府委托，在村党组织的领导下，村民委员会对申请人开展家庭经济状况调查、组织村民会议或村民代表会议民主评议后提出初步意见，报乡（镇）人民政府；乡（镇）人民政府审核后，报县级人民政府民政部门审批。乡（镇）人民政府和县级人民政府民政部门要核查申请人的家庭收入，了解其家庭财产、劳动力状况和实际生活水平，并结合村民民主评议，提出审核、审批意见。在核算申请人家庭收入时，申请人家庭按国家规定所获得的优待抚恤金、计划生育奖励与扶助金以及教育、见义勇为等方面的奖励性补助，一般不计入家庭收入，具体核算办法由地方人民政府确定。

（2）民主公示。村民委员会、乡（镇）人民政府以及县级人民政府民政部门要及时向社会公布有关信息，接受群众监督。公示的内容重点为：最低生活保障对象的申请情况和对最低生活保障对象的民主评议意见，审核、审批意见，实际补助水平等情况。对公示没有异议的，要按程序及时落实申请人的最低生活保障待遇；对公示有异议的，要进行调查核实，认真处理。

（3）资金发放。最低生活保障金原则上按照申请人家庭年人均纯收入与保障标准的差额发放，也可以在核查申请人家庭收入的基础上，按照其家庭的困难程度和类别，分档发放。要加快推行国库集中支付方式，通过代理金融机构直接、及时地将最低生活保障金支付到最低生活保障对象账户。

（4）动态管理。乡（镇）人民政府和县级人民政府民政部门要采取多种形式，定期或不定期调查了解农村困难群众的生活状况，及时将符合条件的困难群众纳入保障范围；根据其家庭经济状况的变化，及时按程序办理停发、减发或增发最低生活保障金的手续。保障对象和补助水平变动情况都要及时向社会公示。

第二节　农村社会养老保险

一、国家对农村社会养老保险的要求

建立农村社会养老保险制度，是统筹城乡经济发展、全面建设农村小康社会的必然要求。党中央、国务院高度重视，要求根据各地经济发展水平、工作基础，积极稳妥地将农村社会养老保险工作推向前进。

在工作布局和推进方式上，采取因地制宜，分类指导，突出重点，稳步推进。因地制宜，即我国农村幅员辽阔，经济发展很不平衡，农民收入和消费水平也不大相同，各地开展农村社会养老保险工作要从实际出发，不能强求一致，不能齐头并进，不下硬指标，不搞一刀切。分类指导，即根据不同情况，制定不同目标。对于富裕地区和富裕群体，政府要加大行政推力，争取做到广覆盖面、高参保率，建立较为规范的农村社会养老保险制度。对于较富裕地区和小康群体，政府组织引导农民参保，积极扩大覆盖面、提高参保率，建立农村社会养老保

险制度。对于中等富裕地区和温饱群体,政府组织引导和农民自愿相结合,逐步扩大覆盖面、提高参保率,基本建立农村社会养老保险制度。对于欠富裕地区,在条件较好的乡(镇)和群体开展农村社会养老保险工作,逐步建立农村社会养老保险制度;贫困乡村暂不开展农村社会养老保险工作,贫困农民暂不参保。各地要从实际出发,规定分类指导的量化指标。凡是有条件的地方,都要做到适度发展。突出重点,即通过抓好重点地区和重点群体,发挥其导向作用、示范作用和推动作用。稳步推进,即在老龄化高峰到来之际,我国农村将普遍建立与农村经济发展和社会进步相适应的社会养老保险制度。

二、目前农村社会养老保险的具体做法

我国农村社会养老保险工作是从 1986 年开始探索,1991年进行试点后逐步开展起来的,经历了试点推进、整顿规范、探索完善等阶段。1992 年,在总结试点经验基础上,国务院有关部门制定出台了《县级农村社会养老保险基本方案(试行)》。1995 年国务院办公厅转发民政部《关于进一步做好农村社会养老保险工作的意见》的通知,对搞好农村社会养老保险工作进行了具体部署和安排。

目前的主要做法是:以个人缴费为主、集体补助为辅,国家政策扶持;采取个人账户基金储备积累的保险模式,个人缴费和集体补助全部记在个人名下;基金以县级为平衡核算单位,根据国家政策规定管理运营,个人账户基金积累期实行分段计息;参保人满 60 周岁后根据其个人账户基金积累本息和平均余命确定养老金发放标准;在工作方法上实行政府引导与农民自愿相结合。

三、今后农村社会养老保险的重点

近几年来党中央文件都明确提出:"有条件的地方要探索

建立农村社会保障制度。"今后农村社会养老保险的重点是：在尊重农民选择和意愿的前提下，以城郊为重点，在有条件的地方率先建立农村社会养老保险制度，并开展以小城镇农转非人员、计划生育对象、农村中有稳定收入人员参加社会养老保险的试点工作。特别要重点解决好被征地农民和农民工参加养老保险存在的突出问题，研究制定适合农民工特点、缴费门槛较低、缴费方式灵活、可随人转移的弹性制度。

从我国农村发展的实际出发，当前建立农村社会养老保险，要采取由经济发达地区向经济欠发达地区逐步推进、由富裕群体向广大农民逐步推进的策略，以农村城镇化进程较快的地方为重点，积极建立与农村经济发展水平相适应、与其他保障措施相配套的农村社会养老保险制度，将有条件的地区和群体纳入社会养老保险体系，并随着经济社会发展和城镇化推进，逐步扩大覆盖范围，提高待遇水平。

按照城乡协调发展的要求，统筹考虑社会保障体系建设，逐步加大公共财政对农村社会保险制度建设等方面的投入，鼓励有条件的地方对农民参保给予财政补助和支持，中央财政的支持重点向西部地区倾斜。自上而下逐步理顺农村社会养老保险管理体制，减少交叉和重叠，将各级农村社会养老保险机构的工作和人员经费纳入同级财政预算，坚决杜绝挤占和挪用农村保险基金发放工资等现象。

提高农村社会养老保险基金管理层次，逐步建立和完善以省为主的基金投资管理体系，建立国家和省两级农村社会养老保险基金理事会，完善基金治理结构。要拓宽基金运营渠道，委托专家理财，优化投资组合，规避金融风险，实现保值增值。

四、国家对社会救济的规定

社会救济是指国家和社会为保证每个公民享有基本生活权利，以多种形式对因自然灾害、意外事故和残疾等原因而无力维持基本生活的灾民、贫民给予的一种临时性或定期性无偿物质帮助的一项社会保障制度。

社会救济的主要特征如下。

(1) 社会救济体现了公民的基本权利。

(2) 社会救济对象具有限制性，主要是因个人生理原因、自然原因和社会因素而无力维持最低生活水平的生活贫困者、鳏寡孤独者、盲聋哑残者以及自然灾害或者意外事故的受害者。因此，社会救济是最低层次的社会政策。

(3) 社会救济的标准是低层次的，是以能维持最低限度的生活水平为目标。

(4) 社会救济一般为临时性或者有一定的期限的，一般为短期、应急性的，如救灾、扶贫、临时救济。

社会救济的最基本目的就是克服贫困。救济的类型主要包括自然灾害救济、失业救济、孤寡病残救济和城乡困难户救济等。救济的内容主要包括提供必要的生活资助、福利设施，急需的生产资料、劳务、技术、信息服务等。

社会救济的对象主要有 3 类：①无依无靠、没有劳动能力又没有生活来源的人，主要包括孤儿、残疾人以及没有参加社会保险且无子女的老人；②有收入来源，但生活水平低于法定最低标准的人；③有劳动能力、有收入来源，但由于意外的自然灾害或社会灾害，而使生活一时无法维持的人。社会救济是基础的、最低层次的社会保障，其目的是保障公民享有最低生活水平，给付标准低于社会保险。社会救济的经费来源主要是政府财政支出和社会捐赠。

五、国家对农村五保供养的规定

农村五保供养是我国农村一项传统的社会救助工作，是指对农村无劳动能力，无生活来源，无法定赡养、抚养、扶养义务人或者其法定赡养、抚养、扶养义务人无赡养、抚养、扶养能力的老年人、残疾人或者未满 16 周岁的未成年人，在吃、穿、住、医、葬方面给予的生活照顾和物质帮助。农村五保供养对象可以自行选择是在当地的农村五保供养服务机构集中供养，还是在家分散供养。

农村五保供养包括以下供养内容：①供给粮油、副食品和生活用燃料；②供给服装、被褥等生活用品和零用钱；③提供符合基本居住条件的住房；④提供疾病治疗，对生活不能自理的给予照料；⑤办理丧葬事宜。农村五保供养对象未满 16 周岁或者已满 16 周岁仍在接受义务教育的，应当保障他们依法接受义务教育所需费用。农村五保供养对象的疾病治疗，应当与当地农村合作医疗和农村医疗救助制度相衔接。

享受农村五保供养待遇，应当由村民本人向村民委员会提出申请；因年幼或者智力残疾无法表达意愿的，由村民小组或者其他村民代为提出申请。经村民委员会民主评议，对符合供养对象条件的，在本村范围内公告；无重大异议的，由村民委员会将评议意见和有关材料报送乡、民族乡、镇人民政府审核。乡、民族乡、镇人民政府应当自收到评议意见之日起 20 日内提出审核意见，并将审核意见和有关材料报送县级人民政府民政部门审批。县级人民政府民政部门应当自收到审核意见和有关材料之日起 20 日内作出审批决定。对批准给予农村五保供养待遇的，发给《农村五保供养证书》；对不符合条件不予批准的，应当书面说明理由。

第三节　新型农村合作医疗政策

一、新型农村合作医疗的内涵

（一）新型农村合作医疗的含义

新型农村合作医疗，简称"新农合"，是指由政府组织、引导、支持，农民自愿参加，个人、集体和政府多方筹资以大病统筹为主的农民医疗互助共济制度。

建立新型农村合作医疗制度是新时期农村卫生工作的重要内容，对提高农民健康水平，促进农村经济发展，维护社会稳定具有重大意义。

（二）新型农村合作医疗制度的目标和原则

1. 新型农村合作医疗制度的目标

实现在全国建立基本覆盖农村居民的新型农村合作医疗制度的目标，减轻农民因疾病带来的经济负担，提高农民健康水平。

2. 建立新型农村合作医疗制度应遵循的原则

（1）自愿参加，多方筹款。农民以家庭为单位自愿参加新型农村合作医疗，遵守有关规章制度，按时足额交纳合作医疗经费；乡（镇）、村集体要给予资金扶持；中央和地方各级财政每年要安排一定专项资金予以支持。

（2）以收定支，保障适度。新型农村合作医疗制度要坚持以收定支，收支平衡的原则，既保证这项制度持续有效运行，又使农民能够享有最基本的医疗服务。

（3）先行试点，逐步推广。建立新型农村合作医疗制度必须从实际出发，通过试点总结经验，不断完善，稳步发展。要随着农村社会经济的发展和农民收入的增加，逐步提高新型农村合作医疗制度的社会化程度和抗风险能力。

二、新型农村合作医疗的政策内容

（一）参加对象

凡居住在辖区内的农村居民，以家庭为单位自愿参加新型农村合作医疗。鼓励乡镇企业职工和外出打工、经商、上学的农村居民参加新型农村合作医疗。可见，新型农村合作医疗针对的主体，是户籍在农村的中国公民。

农民参加新型农村合作医疗必须坚持自愿参加的原则，任何单位和个人不得以强迫命令要求农民参加合作医疗，也严禁硬性规定农民参加合作医疗的指标、向乡村干部搞任务包干摊派、强迫乡（镇）卫生院和乡村医生代交以及强迫农民贷款交纳经费等简单粗暴、强迫命令的错误做法。

（二）权利与义务

（1）参加新型农村合作医疗的农村居民享有的权利。获得新型农村合作医疗制度规定的基本医疗、预防保健、健康检查、健康教育等服务；按规定报销一定比例的医药费用；对新型合作医疗的管理和服务提出批评与建议；监督合作医疗资金的使用和管理情况。

（2）参加新型农村合作医疗的农村居民应履行的义务。遵守和维护当地农村合作医疗的章程和有关规定；按时足额交纳合作医疗资金；积极配合医疗卫生单位做好各项预防保健工作；对违反新型农村合作医疗制度规定的行为进行举报或投诉。

（三）筹资方式

新型农村合作医疗制度实行个人交费、集体扶持和政府资助相结合的筹资机制。

（1）个人交费。农民个人每年的交费标准不应低于10元，经济条件好的地区可相应提高交费标准。乡镇企业职工（不含以农民家庭为单位参加新型农村合作医疗的人员）是否参加新型农村合作医疗由县级人民政府确定。

对农村五保户和贫困农民家庭无经济能力交纳合作医疗费用的，由个人申请、村民代表会议评议、乡（镇）政府审核、县级民政部门批准，可利用医疗救助资金资助其参加当地合作医疗。

（2）集体扶持。有条件的乡村集体经济组织要对本地新型农村合作医疗制度给予适当扶持。扶持新型农村合作医疗的乡村集体经济组织的类型、出资标准由县级人民政府确定，但集体出资部分不得向农民摊派。鼓励社会团体和个人资助新型农村合作医疗制度。

（3）政府补助。政府补助实行分担体制。省、市、县级财政都要根据实际需要和财力情况安排资金，按实际参加合作医疗的人数和补助定额给予资助。从 2003 年起，在中央财政对除市、区以外参加新型农村合作医疗的农民每年每人给予 10 元补助资金的基础上，省、市、县三级财政对参加新型农村合作医疗的农民补助每年不低于人均 10 元，实行分级负担。对国家及省扶贫开发工作重点县，省、市、县三级财政的补助比例为 4∶3∶3；对非国家及省扶贫开发工作重点县（市），省、市、县三级财政的补助比例为 3∶3∶4。合作医疗补助资金要纳入同级财政预算，确保资金落实到位。省、市级财政补助不包括市、区以内的农民，城市所辖区的农民合作医疗补助由当地政府安排。乡级财政是否对合作医疗给予资助，由县级人民政府确定。

（四）资金收交方式

参加新型农村合作医疗的农民个人交费，可在农民自愿参加并签约承诺的前提下，由乡（镇）农税或财税部门一次性代收，开具由省级财税部门统一印制的专用收据；也可采取其他符合农民意愿的交费方式。

（五）统筹模式

新型农村合作医疗统筹模式主要有大病统筹加门诊家庭账户、住院统筹加门诊统筹和大病统筹 3 种模式。大病统筹加门诊家庭账户是指设立大病统筹基金对住院和部分特殊病种大额门诊费用进行补偿，设立门诊家庭账户基金对门诊费用进行补偿。住院统筹加门诊统筹是指通过设立统筹基金分别对住院和门诊费用进行补偿。大病统筹是指仅设立大病统筹基金对住院和部分特殊病种大额门诊费用进行补偿。

（六）资金管理

农村合作医疗基金是由农民自愿交纳、集体扶持、政府资助的民办公助社会性资金，要按照以收定支、收支平衡和公开、公平、公正的原则进行管理。由县级农村合作医疗管理委员会制定合作医疗基金管理的规章制度，建立合作医疗基金专用账户，实行全县统一管理，专户储存，专款专用。

1. 管理机构

农村合作医疗基金由农村合作医疗管理委员会及农村合作医疗经办机构进行管理。农村合作医疗经办机构应在管理委员会认定的国有商业银行设立农村合作医疗基金专用账户，确保基金的安全和完整，按照规定合理筹集、及时审核支付农村合作医疗基金。

2. 基金收交

农村合作医疗基金中农民个人交费及乡村集体经济组织的扶持资金，原则上按年由农村合作医疗经办机构在乡（镇）设立的派出机构（人员）或委托的有关机构收交，存入农村合作医疗基金专用账户；县、市级财政应根据参加新型农村合作医疗的实际人数将支持资金逐级落实到位，划拨到农村合作医疗基金专用账户；省级财政根据各地实际参加人数和市、县级财政补助资金到位情况向市级财政划拨专项补助资金。

3. 基金使用

农村合作医疗基金用于补助参加新型农村合作医疗农民的医疗费用，重点对大额医疗费用或住院医疗费用进行补助。有条件的地方，可将大额医疗费用支付与小额医疗费用支付相结合，在抗御疾病风险的同时兼顾农民的受益面。

（七）基金补偿范围

合作医疗基金用于参与农民的医疗费用补偿，由政府另行安排资金的公共卫生服务项目不列入合作医疗补偿范围。

住院费用实行按比例补偿的地区,对由县、乡两级医疗机构提供服务的,原则上不再实行分段补偿,已经实行分段补偿的,要逐步减少分段档次。由县以上医疗机构提供服务的,可实行分段补偿,但不宜档次过多。要合理拉开不同级别医疗机构的起付线和补偿比例,引导病人到基层医疗机构就诊。住院补偿起付线可按照本地区同级医疗机构上一年度次均门诊费用的 2～4 倍设置,中西部地区乡级医疗机构起付线原则上应低于东部沿海地区。乡、县及县以上医疗机构补偿比例应从高到低逐级递减。对参合农民在一年内患同一种疾病连续转院治疗的,可只计算其中最高级别医院的一次起付线。封顶线应考虑当地农民年人均纯收入的实际情况合理设置,以当年内实际获得补偿金额累计计算。住院费用实行按病种付费方式的地区,要加强对病种确认和出入院标准的审核和管理。

门诊补偿分为家庭账户和门诊统筹两种形式。实行门诊家庭账户的地区,基金由家庭成员共同使用,用于家庭成员门诊医药费用支出,也可用于住院医药费用的自付部分和健康体检等。家庭账户基金结余可结转下年度使用,但不得用于冲抵下一年度参加合作医疗交费资金。实行门诊统筹的地区,要合理制定补偿方案,明确门诊补偿范围,设定补偿比例,引导农民在乡、村两级医疗机构就诊。要严格控制合作医疗基本药品目录和诊疗项目外医药费用,加强门诊医药费用控制,并加强对定点医疗机构服务行为和农民就医行为的监督管理。

对当年参加合作医疗但没有享受补偿的农民,可以组织进行一次体检,但要合理确定体检项目和收费标准,加强质量控制,并为农民建立健康档案,切实加强农民健康管理,发挥体检作用。设立家庭账户的地区,体检费用原则上从农民家庭账户结余中支出;实行门诊统筹的地区,可以从门诊统筹基金中适当支付。对医疗机构提供体检服务,要根据服务质量、数量和费用标准支付体检费用，不能采取直接预拨的方式。承担体检任务的医疗机构要给予一定的费用减免和优惠。

为鼓励孕产妇住院分娩，各地根据实际情况，对参加合作医疗的孕产妇计划内住院分娩给予适当补偿，对病理性产科的住院分娩按疾病住院补偿标准给予补偿。开展"降低孕产妇死亡率和消除新生儿破伤风项目"的地区，孕产妇住院分娩要先执行项目规定的定额补助政策，再由合作医疗基金按有关规定给予补偿。对于其他政策规定费用优惠的医疗项目，应先执行优惠政策，再对符合合作医疗补偿范围的医疗费用按照新型农村合作医疗规定给予补偿。上述合计补助数不得超过其实际住院费用。

三、农村医疗救助

在农村社会保障中对农民的医疗保障除新型农村合作医疗这种主要形式外还包括农村医疗救助。农村医疗救助是指通过政府拨款和社会捐助等多渠道筹资建立基金，对患大病的农村五保户和贫困农民家庭给予一定的医疗费用补助，或者是资助救助对象参加当地新型农村合作医疗的救助制度。国家要求对农村贫困家庭实行医疗救助，要建立独立的医疗救助基金，实行个人申请、村民代表大会评议，民政部门审核批准，医疗机构提供服务的管理体制。

（一）救助对象

农村医疗救助的对象主要包括：农村五保户；农村最低生活保障对象的家庭成员；未开展农村最低生活保障的县（市、区）农村特困户家庭成员；因患大病造成生活特别困难又无自救能力的其他农村家庭成员。

（二）服务内容

医疗救助服务包括如下几个层次的内容。

一是已开展新型农村合作医疗的地区，由农村合作医疗定点卫生医疗机构提供医疗救助服务，未开展新型农村合作医疗的地区，由救助对象户口所在地乡（镇）卫生院和县级医院等提供医疗救助服务。

二是提供医疗救助服务的医疗卫生机构等应在规定范围内，按照本地合作医疗或医疗保险用药目录、诊疗项目目录及医疗服务设施目录，为医疗救助对象提供医疗服务。

三是遇到疑难重症需转到非指定医疗卫生机构就诊时，要按照当地医疗救助的有关规定办理转院手续。

四是承担医疗救助的医疗卫生机构要完善并落实各种诊疗规范和管理制度，保证服务质量，控制医疗费用。

（三）申请步骤

根据国家有关规定，医疗救助实行属地化管理原则。

第一步，申请人（户主）要向村民委员会提出书面申请，填写申请表，如实提供医疗诊断书、医疗费用收据、必要的病史材料、已参加合作医疗按规定领取的合作医疗补助凭证、社会互助帮困情况证明等，经村民代表会议同意后报乡镇人民政府审核。

第二步，乡镇人民政府对上报的申请表和有关材料进行逐项审核，对符合医疗救助条件的上报县（市、区）民政局审批。乡镇人民政府根据需要，可以采取入户调查、邻里访问以及信函索证等方式对申请人的医疗支出和家庭经济状况等有关材料进行调查核实。

第三步，县级人民政府民政部门对乡镇上报的有关材料进行复审核实，并及时签署审批意见。对符合医疗救助条件的家庭核准其享受医疗救助金额，对不符合享受医疗救助条件的，应当书面通知申请人，并说明理由。

第四节　自然灾害生活救助

一、自然灾害种类

种类主要有：旱灾、洪涝、风雹、台风、地震、低温冷冻和雪灾、高温热浪、滑坡和泥石流、病虫害和其他灾害等。

二、自然灾害生活救助资金的用途

自然灾害生活救助资金，主要用于解决遭受自然灾害地区的农村居民无力克服的衣、食、住、医等临时困难，紧急转移安置和抢救受灾群众，抚慰因灾遇难人员家属，恢复重建倒损住房，以及采购、管理、储运救灾物资等项支出。

三、救助项目

补助项目主要有六大项：灾害应急救助、遇难人员家属抚慰、过渡性生活救助、倒塌损坏住房恢复重建补助、旱灾临时生活困难救助、冬春临时生活困难救助。

四、救助内容

灾害应急救助，用于紧急抢救和转移安置受灾群众，解决受灾群众灾后应急期间无力克服的吃、穿、住、医等临时生活困难。

遇难人员家属抚慰，用于向因灾死亡人员家属发放抚慰金。

过渡性生活救助，用于帮助"因灾房屋倒塌或严重损坏无房可住、无生活来源、无自救能力"的受灾群众，解决灾后过渡期间的基本生活困难。

倒塌、损坏住房恢复重建补助，用于帮助因灾住房倒塌或严重损坏的受灾群众重建基本住房，帮助因灾住房一般损坏的受灾群众维修损坏住房。

旱灾临时生活困难救助，用于帮助因旱灾造成生活困难的群众解决口粮和饮水等基本生活困难。

冬春临时生活困难救助，用于帮助受灾群众解决冬令春荒期间的口粮、衣被、取暖等基本生活困难。

第五节　被征地农民就业培训和社会保障工作

一、建立被征地农民就业培训和社会保障制度的必要性

近年来，随着城镇化、工业化和基础设施建设速度加快，农村大量集体土地被征用，被征地农民的生活保障问题日益突出。建立被征地农民就业培训和社会保障制度，促进被征地农民就业，解决他们的基本生活保障问题，是建设社会主义新农村、统筹城乡发展和构建和谐社会的必然要求，是全面贯彻落实科学发展观、加快推进以改善民生为重点的社会建设的重要措施，对保护被征地农民的合法权益、维护社会稳定、促进经济建设又好又快发展具有重要意义。

二、被征地农民就业培训和社会保障的模式

被征地农民的主要保障模式分为就业培训保障、老年养老保障和老年养老补助三种。对 16～34 周岁的被征地农民，重点实施就业培训保障，按照自愿原则也可参加老年养老保障，如果选择参加老年养老保障，政府同样按规定的比例（不低于70%）予以缴费补助；35～59 周岁的被征地农民，重点组织引导参加老年养老保障；征地时年满 60 周岁的被征地农民，直接纳入老年养老补助范围，也可选择参加老年养老保障，如果选择参加老年养老保障，应一次性缴足老年养老保障费用，政

府同样按规定的比例予以缴费补助，但不享受老年养老补助待遇。

三、被征地农民就业培训工作的政策

坚持市场导向就业机制，统筹城乡就业，多渠道开发就业岗位，鼓励引导各类企业、事业单位、社区吸纳被征地农民就业，支持被征地农民自谋职业、自主创业。将未就业的被征地农民纳入统一的失业登记制度，提供就业服务，促进劳动年龄段内有就业愿望的被征地农民尽快实现就业。在劳动年龄段内尚未就业且有就业愿望的，可按规定享受就业再就业扶持政策；将劳动年龄段内有劳动能力、未就业且有就业愿望的被征地农民作为"农村劳动力转移就业培训工程"和"农村劳动力转移培训阳光工程"的重点对象，优先安排就业服务和培训，积极发挥公共就业服务平台作用，组织被征地农民实现就业。

第八章　农村基础设施建设及耕地保护政策法规

本章介绍了我国有关农业自然资源保护的法律体系、法律制度与规则，具体分析了农业土地资源保护、森林资源保护、渔业资源保护、水资源保护、草原资源保护和生物资源保护的法律制度。

第一节　土地管理法律制度

一、概念和保护的意义

1. 概念

农业土地资源是指用做农业生产资料的土地。农业土地资源保护法律制度是指关于国家干预农业土地资源保护关系的法律规范的总称。主要包括《中华人民共和国农业法》《中华人民共和国土地管理法》《中华人民共和国水土保持法》《中华人民共和国防沙治沙法》《中华人民共和国退耕还林条例》《中华人民共和国基本农田保护条例》《中华人民共和国土地管理法实施条例》《中华人民共和国水土保持法实施条例》《中华人民共和国土地复垦规定》《加强土地管理制止乱占耕地的通知》等。其中，包括耕地占用审批制度、耕地保护制度、耕地保养制度、水土保持制度、防沙治沙制度、退耕还林制度等。

2. 保护的意义

①土地是农业生产最基本的生产资料，离开了土地资源农业生产便无从进行。保护土地资源就是保护了农业生产中基本

的物质条件，保护了国民经济的基础，保护了人类社会生存和发展的基础。②土地资源是有限的、不可再生的资源。因此，保护农业土地资源，防止人们对土地资源的过度利用，防止农地资源的非农化，对农业发展具有极为重要的意义。③土地过度利用、浪费、破坏的严重形势决定了对农地资源保护的紧迫性和艰巨性。

二、耕地占用审批制度

耕地占用审批制度是指关于非农建设占用耕地审批职责、权限、程序的政策与法规。它主要体现在《中华人民共和国土地管理法》中，其主要内容如下。

（1）非农建设用地原则。《中华人民共和国土地管理法》第20条第2款规定："国家建设和乡（镇）村建设必须节约使用土地，可利用荒地的，不得占用耕地；可利用劣地的，不得占用好地。"

（2）国家建设征用耕地的审批权限。①国家建设征用耕地1千亩以上，其他土地2千亩以上，包括一个建设项目同时征用耕地1千亩和其他土地1千亩以上合计为2千亩以上的，由国务院批准；②出让耕地1千亩以下，其他土地2千亩以下的，由省、自治区人民政府批准；③征用耕地3亩以下的，其他土地10亩以下的，由县级人民政府批准；④省辖市、自治州人民政府的批准权限，由省、自治区人民代表大会常务委员会决定；⑤直辖市的区、县人民政府的批准权限，由直辖市人民代表大会常务委员会决定。

（3）非农用地使用权的主要形式。①农村宅基地使用权；②乡（镇）村企业用地使用权；③乡（镇）村公共设施、公益事业用地使用权；④国家建设所需对农村集体土地的临时使用权。

（4）建设用地管理法律制度，分为国家建设用地和乡

（镇）村建设用地。其基本特征为：①实行严格的审批制度，控制非农建设占用农用地，特别是耕地。建设占用地，涉及农用地转为建设用地的，根据用地的不同情况，实行国务院和省级人民政府两级审批的制度。②严格限制占用集体土地进行非农建设。根据《中华人民共和国土地管理法》第43条规定，只有3种情况可使用农民集体所有的建设用地：一是举办乡镇企业使用本集体的土地或农民集体以本集体所有的土地使用权以入股、联营等形式与其他单位或个人共同举办企业的；二是村民建住宅使用本集体的土地的；三是乡（镇）村公共设施和公益事业建设使用农民集体的土地的。

集体土地征用是指国家因建设用地的需要，依照法定的条件和程序，将集体所有的土地强制性转为国有的行为。它有以下法律特征：①是政府的一种行政行为；②是一种依法实施的强制性行为；③具有一定的补偿性；④是一种引起土地权属变更的行为。

关于征地的权限，必须经国务院批准方可征用的土地包括：①基本农田；②基本农田以外的耕地超过35公顷的；③其他土地超过70公顷的。由省级人民政府批准方可征用的土地：除了由国务院审批征用的土地以外，其他征用的土地都由省级人民政府批准；省级人民政府批准征用土地的，必须同时报国务院备案。

征地的程序如下：（建设单位向建设项目批准机关的同级土地部门）预申请——（建设单位向土地所在地市、县人民政府土地部门）申请——（受理申请的市、县人民政府土地部门）拟订方案并上报（上一级土地部门）——（受理上报材料的土地部门同级人民政府审核后逐级上报有批准权的人民政府）审批——（市、县人民政府土地部门）组织实施并公告——（市、县人民政府土地部门）征地补偿、安置方案的拟订、报批和实施——（市、县人民政府土地部门）颁发证书、办理土地登记。

补偿标准如下：①征用耕地的补偿费用包括土地补偿费、安置补助费及地上附着物和青苗补偿费。土地补偿费为该耕地被征用前3年年均产值的6～10倍；安置补助费按照需要安置的农业人口数计算，每一个需要安置的农业人口的安置补助费为该耕地被征用前三年年均产值的4～6倍，但是，每公顷被征用耕地的安置补助费，最高不得超过被征用前三年年均产值的15倍。②征用城市郊区的菜地，用地单位应当按照国家有关规定缴纳新菜地开发建设基金。③征用其他土地的土地补偿费和安置补助费，由省、自治区、直辖市参照征用耕地的土地补偿费和安置补助费的标准规定。④被征用土地上的附着物和青苗的补偿标准，由省、自治区、直辖市规定。征用耕地的安置补助费可以合理增加，但土地补偿费和安置补助费的总额不得超过土地被征用前三年年均产值的30倍。

农村建设用地制度是国家依法对农村建设使用土地实施规划、审批、监督等的管理制度。其核心是集体土地建设用地使用权的管理、用地规划和布局、用地标准、审批和控制等。

审批包括：①乡（镇）村企业建设用地，应当持有关批准文件，向县级以上地方人民政府土地部门提出申请，按照省、自治区、直辖市规定的批准权限，由县级以上人民政府批准；其中，涉及农用地的，经依法办理农用地转批手续。②乡（镇）村公共设施、公益事业建设用地，先经乡（镇）人民政府审核，其他审批程序同于乡（镇）村企业建设用地。③农村村民宅基地用地，经乡（镇）人民政府审核，由县级人民政府批准；其中，涉及占用农用地的，依法办理农用地转批手续。

控制包括：①乡（镇）村企业建设用，严格控制，其用地面积不得超过省、自治区、直辖市按照乡镇企业的不同行业和经营规模分别规定的控制标准；②农村村民一户只能拥有一处宅基地，其宅基地的面积不得超过省、自治区、直辖市规定的控制标准。

（5）法律责任。法律责任是指实施违反土地法律规范的行为人，依法应承担的法律后果。承担的前提是土地违法行为。所谓土地违法行为，是指违反土地法律规定的行为。法律责任的基本形式主要有行政责任、民事责任和刑事责任3种形式。

①行政责任。它是针对违反土地法律规范的轻微或失职行为，由法定的行政机关依法对违法者实施行政制裁的法律后果。其主要形式包括行政处罚、行政赔偿责任和行政处分。行政处罚的适用范围及种类包括：a. 非法土地交易。即指土地所有权禁止交易；土地使用权可以交易，但必须依法进行。违反规定即为非法土地交易，违法者应承担相应的法律责任。b. 非法占用土地。非经法定批准程序或虽经审批，但超过批准的数量或法定标准而进行土地征用和土地使用的行为，均为非法占用土地，违法者应承担相应的法律责任。c. 破坏耕地种植条件和造成土地荒漠化、盐渍化的，由县级以上人民政府土地部门责令限期改正或治理，可以并处罚款。d. 依法收回国有土地使用权，当事人拒不交出土地的，临时用地期满拒不归还的，或不按批准用途使用国有土地的，由县级以上人民政府土地部门责令交还土地，处以罚款。e. 拒不履行土地复垦义务的，由县级以上人民政府土地行政主管部门责令限期改正；逾期不改正的，责令缴纳复垦费，还可处以罚款。

②民事责任。它是指个人或组织实施违反土地法律规范、侵犯平等主体之间的土地权利的行为，依法应承担的法律后果。承担的方式，主要是采取强制履行应尽义务，或承担因侵权行为或违约行为造成损害的民事赔偿责任，一般包括排除妨碍、消除危险、停止侵占、恢复原状、返还财产、继续履约、赔偿损失、支付违约金等。

③刑事责任。它是指行为人违反土地管理法律、法规的行为已触犯了刑法有关规定，所须承担的法律后果。1997年的

《中华人民共和国刑法》中增设了土地犯罪的条款，包括非法转让、倒卖土地使用权罪，非法占有耕地罪，非法批准征用、占用土地罪和非法低价出让国有土地使用权罪。该四个罪名涵盖了管理、用地和流转三大领域，从而使土地管理受到了刑法强制性的保护，填补了在此之前我国土地立法的空白。另外，根据《中华人民共和国土地管理法》第79条、第397条的规定及刑法相关条款的规定，还涉及土地主管部门工作人员在土地行政管理中的贪污罪、挪用公款罪、侵占罪、玩忽职守罪和滥用职权罪等罪名。

三、耕地保护制度

1. 概述

耕地是指适宜耕作、种植农作物的土地。耕地保护制度是指为保证耕地的永续利用而采取的各种保护措施与建立的相关法律制度。其主要内容：一是对现有耕地加以特殊保护，使其数量不致锐减，使其质量状况不致恶化。其核心是基本农田保护区制度。二是建立土地开发、整理与复垦制度，促使耕地数量逐渐增加，质量性能逐步改善。

2. 基本农田保护区制度

基本农田保护区制度是指根据一定时期人口和国民经济发展对农产品的需求，按土地利用总体规划确定长期不得占用的耕地。基本农田保护区是指对基本农田实行特殊保护而依照法定程序划定的区域。其管理体制包括：①县级以上地方各级人民政府应当将基本农田保护工作纳入国民经济和社会发展计划，并作为政府领导任期目标责任制的一项内容，由上一级人民政府监督实施国务院土地主管部门负责的全国基本农田保护管理工作；②县级以上地方各级人民政府土地主管部门和农业主管部门按照本级政府规定的职责分工，负责本行政区域内的基本农田保护管理工作。

各级政府在编制土地利用总体规划时，应划入基本农田保护区的耕地包括：①国务院有关主管部门和县级以上地方各级人民政府批准确定的粮、棉、油和名、优、特、新农产品生产基地；②高产、稳产田和有良好的水利与水土保护设施的耕地以及经过治理、改造和正在实施改造计划的中低产田；③大中城市蔬菜生产基地；④农业科研、教学试验田。各省、自治区、直辖市划定的基本农田应占本行政区域内耕地总面积的80%以上。

基本农田保护区的保护措施：①一经依法划定，任何单位和个人都不得擅自改变或占用；②经国务院批准占用基本农田的，当地人民政府应按照国务院的批准文件修改土地利用总体规划，并补充数量和质量相当的基本农田；③占用单位应按照县级以上各级人民政府的要求，将所占用基本农田耕作层土壤用于新开垦耕地、劣质地或其他耕地的土壤改良；④禁止在保护区内建窑、建房、建坟或擅自挖砂、采石、采矿、取土、堆放固体废弃物；⑤禁止任何单位和个人闲置、荒芜基本农田；⑥承包经营的单位或个人连续2年弃耕抛荒的，原发包单位应终止承包合同，收回发包的基本农田；⑦县级以上人民政府农业行政主管部门应会同同级环保行政主管部门对基本农田环境污染进行监测和评价，并定期向本级人民政府提出环境质量与发展趋势报告，调查处理农田环境污染事故。

有下列行为之一的，从重给予处罚：①未经批准或采用欺骗手段骗取批准，非法占用的；②超过批准数量，非法占用的；③非法批准占用的；④买卖或以其他形式转让的。应将耕地划入保护区而不划入的，由上一级人民政府责令限期改正；拒不改正的，对直接负责的主管人员和其他直接责任人员依法给予行政处分或法律制裁。违反规定擅自占用、改变或破坏基本农田的，由县级以上人民政府土地行政主管部门责令改正或治理，恢复原种植条件，处占用基本农田的耕地开垦费1倍以上2倍以下罚款；构成犯罪的，依法追究刑事责任。侵占、挪用基本农田的耕地开垦费或非法转让、倒卖、占用及非法批准征用基本农田，构成犯罪的，依法追究刑事责任；尚不构成犯罪的，依法给予行政处分或纪律处分。

3. 对耕地实行特殊保护的其他制度和措施

①占有耕地补偿制度。非农业建设经批准占用耕地的，依照"占多少、垦多少"的原则，由占用耕地的单位负责开垦与所占耕地的数量和质量相当的耕地；没有条件开垦或者开垦的耕地不符合要求的，应按照省、自治区、直辖市的规定缴纳耕地开垦费，专款用于开垦新的耕地；各省、自治区、直辖市人民政府应制定开垦耕地计划，监督占用耕地的单位按照计划开垦耕地或按照计划组织开垦耕地，并进行验收。②耕地总量不减少制度。各省、自治区、直辖市人民政府应严格执行土地利用总体规划和土地利用年度计划，采取措施，确保本行政区域耕地总量不减少；耕地总量减少的，由国务院责令在规定期限内组织开垦与所减少耕地的数量与质量相当的耕地，并由国务院土地行政主管部门会同农业行政主管部门验收。个别省、直辖市确因土地后备资源匮乏，新增建设用地后，新开垦耕地的数量不足以补偿所占耕地的数量的，须报经国务院批准减免本行政区域内开垦耕地的数量，进行易地开垦。③保证耕地质量数量措施。④禁止或限制闲置耕地措施。⑤实行耕地占用税措施。

4. 耕地保养制度

耕地保养制度是关于农业生产经营组织和农民应保养耕地，合理使用化肥农药，增加使用有机肥料，提高地力，防止耕地的污染、破坏和地力衰退及农业行政主管部门加强耕地质量建设的职责的法律制度。其具体内容如下。

（1）保养耕地、保持培肥地力是农业生产经营组织和农民的应尽义务和农业行政主管部门的应尽职责。

（2）农业生产经营组织和农民的具体保养义务。一是应遵守国家法律、法规和有关政策，保养耕地，保持和培肥地力，努力做到养分投入产出平衡有余，不能采取只用不养、掠夺地力的经营方式，及非法改变耕地的用途；二是合理使用化肥、农药、农用薄膜；三是增加使用有机肥料；四是在保养耕地、提高地力的过程中采用先进的科学技术；五是保护和提高地力。

（3）农业行政主管部门在加强耕地质量建设方面的具体职责。一是支持农民和农业生产经营组织加强耕地质量建设。例如，资讯、技术等方面的支持，以加强耕地质量的建设。二是对耕地质量进行定期监测，及时发现耕地质量是否发生不利方面的变化，同时也可通过定期监测进行经验总结，从总体上实现耕地的合理利用与开发。

第二节　水资源保护法律制度

一、水的概念及其功能

水即水资源，是指地表水和地下水。水是人和一切动、植物赖以生存的环境条件，是人类社会生活和生产活动所需的物质基础，也是维持人类社会发展的主要能源之一。

二、水法的概念

水法是调整关于水的开发、利用、管理、保护、除害过程中所发生的经济关系的法律规范的总称。水法主要有：1984年的《中华人民共和国水污染防治法》；1988年的《中华人民共和国水法》；1991年的《中华人民共和国水土保持法》，与之相配套，国务院先后发布了《中华人民共和国河道管理条例》《中华人民共和国防汛条例》《中华人民共和国水土保持法实施条例》《中华人民共和国城市供水条例》等法规。

三、水法的主要内容

1. 水法的适用范围

根据我国《水法》第二条的规定，适用于地表水和地下水。

2. 水的所有权

水资源属于国家所有，即全民所有。农业集体经济组织所有的水塘、水库中的水，属于集体所有。

3. 水资源合理开发利用措施

（1）对水资源进行综合科学考察和调查评价。全国水资源的综合科学考察和调查评价，由国务院水行政主管部门会同有关部门统一进行。

（2）对水资源开发利用实行统一规划。开发利用水资源，应按流域或者区域进行统一规划。规划分为综合规划和专业规划，其编制程序分别是国家确定的重要江河的流域综合规划，由国务院水行政主管部门会同有关部门和有关省级人民政府编制，报国务院批准。其他江河流域或区域的综合规划，由县级以上地方人民政府水行政主管部门会同有关部门和地区编制，报同级人民政府批准，并报上一级水行政主管部门备案。综合规划应与国土规划相协调，兼顾各地区、各行业的需要。

（3）开发利用水资源应遵循的原则。不损害公共利益和他人利益的原则；利益兼顾与兴利除害相结合的原则；生活用水优先原则；因地制宜原则。

4. 用水管理制度

（1）实行水长期供求计划和水量分配。全国和跨省区域的水长期供求计划，由国务院水行政主管部门会同有关部门制定，报国务院计划主管部门审批；地方的水长期供求计划，由县级以上地方人民政府水行政主管部门会同有关部门，依据上一级人民政府主管部门指定的水长期供求计划和本地区的实际情况制定，报同级人民政府计划主管部门批准。

（2）实行取水许可制度。国家对直接从地下或者江河、湖泊取水的，实行取水许可制度。为家庭生活、畜禽饮用取水和其他少量取水的，不需要申请取水许可。实行取水许可制度的步骤、范围和办法，由国务院规定。

5. 法律责任

对违反《中华人民共和国水法》的，应区别情况给予不同的处理，主要是由县级以上地方人民政府水行政主管部门或有关主管部门责令其停止违法行为，限期消除障碍或采取其他补救措施，并处罚款；对有关责任人员由其所在单位或上级主管机关给予行政处分；或按照《中华人民共和国治安管理处罚条例》的规定予以处罚；构成犯罪的，依照中华人民共和国刑法的规定追究刑事责任。

第三节　森林资源保护法律制度

一、森林资源保护及其立法

1. 概念

森林是指存在于一定区域内的以树木或其他木本植物为主体的植物群落。根据其用途，可分为防护林、用材林、经济林、薪炭林、特种用途林。森林资源则是指一个国家或地区林地面积、树种及木材蓄积量等的总称。

2. 立法

主要包括 1963 年国务院颁布的《中华人民共和国森林保护条例》；1973 年农林部颁布的《中华人民共和国森林采伐更新规程》；1979 年全国人民代表大会常务委员会颁布的《中华人

民共和国森林法》(试行)；1984 年全国人大常委会颁布的《中华人民共和国森林法》；1986 年国务院颁布的《中华人民共和国森林法实施细则》；1998 年《关于修改〈中华人民共和国森林法〉的决定》，对 1984 年的《中华人民共和国森林法》进行了较大修改，将原法 42 条增加到 49 条；1987 年颁布的《中华人民共和国森林法采伐更新管理办法》；1988 年颁布的《中华人民共和国森林防火条例》；1989 年颁布的《中华人民共和国森林病虫害防治条例》等。

二、立法的主要内容

1. 权属的规定

森林资源除法律规定属于集体所有者外，属于全民所有。法律允许公民个人享有对林木的所有权，对林木所在地的林地的使用权。全民所有和集体所有的森林、林木和林地，个人所有的林木和使用的林地，由县级以上地方人民政府登记造册，核发证书，确认所有权或使用权。森林、林木、林地的所有者和使用者的合法权益，受法律保护，任何单位和个人不得侵犯。全民单位营造的林木，由营造单位经营并按规定支配林木收益。集体单位营造的林木归单位所有。农村居民在房屋前后、自留地自留山地种植的林木，城镇居民和职工在自有房屋的庭院内种植的林木，归个人所有。集体或者个人承包全民所有或集体所有的宜林荒山荒地造林的，承包后种植的林木归承包后的集体或者个人所有，承包合同有规定的按合同规定办理。

2. 保护的法律规定

保护的法律规定如下。

（1）建立护林组织，加强护林责任制。

（2）禁止毁林开荒和毁林采石、采矿、采土及其他毁林活动，禁止在幼株地、特种用途地内砍柴放牧。

（3）加强森林病虫防治和林木种苗检疫。

（4）加强森林防火。

3. 植树造林的法律规定

（1）植树造林，保护森林，是公民应尽的义务。

（2）全国森林覆盖率的奋斗目标是30%，县级以上地方人民政府按照山区、丘陵区和平原区的不同标准，确定本行政区域的奋斗目标。

（3）国家决定3月12日为我国植树节，年满11岁以上的公民要完成法定的义务植树任务。

（4）各级人民政府在植树造林方面的职责主要包括：组织群众植树造林；保护林地和林木；预防森林火灾；防治森林病虫害；制止滥伐、盗伐林木；提高森林覆盖率。

4. 采伐的法律规定

（1）应遵循的原则。一是按照用材林的消耗量要低于林木生产量的原则，全民单位和集体单位都要制定年采伐限额，经省级人民政府审核后，报经国务院批准。二是按照年度木材生产计划不得超过年度林木采伐限额的原则，全民单位经营的森林和林木、集体单位所有的森林和林木以及农村居民自留山的造林，都必须纳入年度木材生产计划。

（2）须遵守的规定。采伐林木须申请采伐许可证；审核发放许可证的部门应严格审查采伐申请，不得超过批准的年采伐限额发放许可证；采伐林木的单位和个人，须贯彻采育结合的方法，限期完成更新造林的任务；林区木材经营严格执行国务院的有关规定，从林区运出的木材，须持有林业主管部门发给的运输证件。

5. 法律责任

（1）对于盗伐、滥伐森林或者其他林木，情节轻微的；伪造或倒卖林木许可证、木材运输证件的；开伐木材的单位和个人，没有按照规定完成更新造林任务，情节严重的；进行开垦、采矿、采土、采种、采脂、砍柴及其他活动，致使森林、林木受到破坏的，可分别处以或并处责令赔偿损失、补种树木、没收违法所得、罚款。

（2）对于盗伐、滥伐林木情节严重的；盗伐林木据为己有，数额巨大的；超越批准的年采伐限额发放林木许可证，情节严重，致使森林严重破坏的；伪造或倒卖林木采伐许可证，情节严重的，可依照刑法的有关规定，追究行为人或直接责任人员的刑事责任。

第四节　草原资源保护法律制度

一、《中华人民共和国草原法》的调整范围

《中华人民共和国草原法》(以下称《草原法》)第 2 条第 1 款规定："在中华人民共和国领域内从事草原规划、保护、建设、利用和管理活动，适用本法。"可见，《草原法》所调整的草原活动，不仅仅是草原的利用和管理的环节，还包括与草原的利用和管理密切相关的其他环节。对原进行规划，能够从长远利益角度来对草原利用进行考察，以便从有利于草原可持续发展的立场来制定宏观目标和具体利用政策。草原的保护是草原利用的前提，只有对现有草原资源进行有效的保护，草原资源才有持续发展和利用的可能性。草原的保护和利用，都离不开草原建设。草原作为一种自然资源，具有其特有的发展规律和对环境的特定要求；同时，我国草原长期的过度利用给草原的发展带来了很大的破坏，这都要求加强草原建设。从我国草原资源的现状来看，我国 90% 的可利用天然草原不同程度地退化，这种退化每年还以 200 万公顷的速度递增；草原过牧的趋势没有根本改变，乱采滥挖等破坏草原的现象时有发生，草

原荒漠化面积不断增加。草原生态环境持续恶化，不仅制约着草原畜牧业的发展，影响农牧民收入增加，而且直接威胁到国家生态安全，因此，草原保护与建设亟待加强。草原的利用是草原规划、保护和建设的主要目的之一，草原的有效利用，不但可以推进我国畜牧业的极大发展，而且对于牧区人民的生活也将发挥巨大的作用。但是，应当强调的是，草原的利用必须是合理和可持续的利用，在利用的过程中应当充分考虑草原与其他生态环境之间的平衡；同时，还应当努力谋求将来的持续利用，而不是只追求短期效应，进行毁灭性的一次性利用。草原的规划、保护、建设和利用都应当在法律、政策允许的范围内进行，这就要求加强对草原的管理。草原管理不仅仅是法律赋予草原行政主管部门的权力，更是相关机关应当承担的职责。只有强化对草原的管理，及时处理有关的纠纷，制止破坏草原的行为，草原才能真正实现可持续发展。

《草原法》除了对其调整的草原活动进行明确以外，还对草原的范围进行了界定，其第2条第2款规定："本法所称草原，是指天然草原和人工草地。"天然草原是指一种土地类型，它是草本和木本饲用植物与其所着生的土地构成的具有多种功能的自然综合体。人工草地是指选择适宜的草种，通过人工措施而建植或改良的草地。天然草原和人工草地在自然性状等方面具有一定的区别，需要以不同的方式加以对待，因此，对于天然草原和人工草地，《草原法》在具体的利用和保护模式上，有不同的制度安排。下文我们将进行详细说明。

二、草原利用方针

《草原法》第3条规定："国家对草原实行科学规划、全面保护、重点建设、合理利用的方针，促进草原的可持续利用和生态、经济、社会的协调发展。"这是关于草原利用方针的条款。科学规划，是指对草原的利用必须有计划地进行。按照

《草原法》第 4 条的规定，要将草原的保护、建设和利用纳入国民经济和社会发展计划。全面保护，是指对草原的保护在有针对性地保护稀有资源的同时，应当全面地进行，除了草原资源以外，草原周边的环境、生物等相关资源也应当纳入保护的范围。重点建设，是指在增加投入的基础上，对草原进行生产生活设施建设和人工草地建设、天然草原改良和饲草饲料基地建设，有侧重有针对地建设草原。合理利用，是指在保护、建设草原的同时，对草原的利用既不能无节制、不考虑将来的发展，也不是只保护、建设而完全不加以利用。对草原的合理利用，不但有利于牧民生活水平的提高和畜牧业的发展，而且有利于草原资源自身的良性循环。草原利用的基本方针，不但对于草原法制建设起着指导性的作用，而且对于整个草原的可持续利用和发展具有重要意义。

三、草原权属

（一）草原的所有制度和使用制度

《草原法》第 9 条至第 12 条是关于草原所有和使用制度的规定。按照《草原法》第 9 条的规定，草原的权属有三种形式。一是国家所有权。《宪法》第 9 条明确规定："矿藏、水流、森林、山岭、草原、荒地、滩涂等自然资源，都属于国家所有，即全民所有；由法律规定属于集体所有的森林和山岭、草原、荒地、滩涂除外。"因此，《草原法》第 9 条第 1 款规定："草原属于国家所有，由法律规定属于集体所有的除外。国家所有的草原，由国务院代表国家行使所有权。"二是集体所有权。按照《宪法》第 9 条的规定，法律规定属于集体所有的草原，属于集体所有。因此，草原可以由集体依照法律规定享有所有权。三是全民所有制单位、集体经济组织等对于草原的使用权。《草原法》第 10 条规定："国家所有的草原，可以依法确定给全民所有制单位、集体经济组织等使用。"按照《草原法》

第 11 条第 1 款的规定：国家所有依法确定给全民所有制单位、集体经济组织等使用的草原，必须由县级以上人民政府登记、发放使用权证后，才能确认草原使用权。集体所有的草原，由县级人民政府登记，核发所有权证，确认草原所有权。如果没有经过人民政府的登记确认，不能依法享有所有权或者使用权，其权益也就得不到法律的有效保护。而国家所有未确定使用权的草原，也应当由县级以上人民政府登记造册，并由其负责保护管理。另外，《草原法》第 9 条第 2 款、第 12 条以及"法律责任"一章中的相关条款还对草原的所有、使用权的保护进行了规定。可见，为了保护草原所有者和使用者的合法权益，法律提供了多种行政的和司法的救济手段。

（二）草原承包

《草原法》第 13、14、15 条是关于草原家庭承包经营或者联户承包经营的规定。家庭承包经营制度，是我国农村的一项基本制度，也是党在牧区的基本政策。通过草原家庭承包，明确草原建设与保护的责、权、利，将人、畜、草基本生产要素统一于家庭经营之中，完全符合牧区社会经济发展水平，可以有效地调动广大牧民发展牧业生产、保护和建设草原的积极性，使草原保护建设与广大牧民的切身利益直接联系起来，是保护草原生产力的"长效定心丸"。草原家庭承包是我国农村土地家庭承包经营的一种表现形式，与耕地承包的差别仅在于草原承包的对象是草原，因此，《农村土地承包法》所确立的有关土地承包制度适用于草原承包。根据《草原法》的规定，草原可以实施家庭承包经营，也可以是联户承包经营。

关于草原承包，《草原法》的规定主要侧重在三方面。首先，承包草地在承包期不得调整，个别需要调整的情况，必须经过法定的程序，并且，非家庭承包方式的进行，也需要通过法定的程序。其次，草原承包应当签订书面承包合同，并在合同中明确相关的权利和义务。最后，草原承包经营权流转及其限制。草原承包经营权同样可以流转，但这种流转受到原来签订的承包合同中的草原用途和承包期限等内容的限制。

（三）草原争议的解决

《草原法》第16条规定："草原所有权、使用权的争议，由当事人协商解决；协商不成的，由有关人民政府处理。单位之间的争议，由县级以上人民政府处理；个人之间、个人与单位之间的争议，由乡（镇）人民政府或者县级以上人民政府处理。当事人对有关人民政府的处理决定不服的，可以依法向人民法院起诉。在草原权属争议解决前，任何一方不得改变草原利用现状，不得破坏草原和草原上的设施。"这是关于草原争议处理的主要规定。具体而言，草原争议的处理主要有两种方式，即政府处理程序和诉讼处理程序。根据《草原法》第11条的规定，国家所有依法确定给全民所有制单位、集体经济组织等使用的草原和集体所有的草原，应当由县级以上地方人民政府登记造册，发放证书，确认所有权和使用权。因此，行使确权职能的有关各级人民政府应当是处理草原所有权和使用权争议的机关。考虑到一些草原经营者的特殊情况，如中央、省直属国有草原，以及一些经营者经营的草原面积跨行政区域等情况，对各级人民政府受理草原争议案件的范围，也应有所区别。根据《草原法》第16条的规定，单位之间的草原争议，应由县级以上人民政府依法处理；个人之间、个人与单位之间发生的草原争议，应由当地县级或者乡级人民政府依法处理。当事人对有关人民政府作出的处理决定不服的，可以在接到通知之日起1个月内，向人民法院起诉，由法院作出最终的裁决。应当说明的是，《草原法》关于草原争议的处理，规定了由有关各级政府处理，即各级政府是处理草原争议的法定机关，由各级人民政府对草原争议作出处理决定是解决草原所有权和使用权争议的法定的必经程序，只有当事人对人民政府作出的处理决定不服，当事人才可向有关人民法院提出诉讼，由法院对人民政府作出的处理决定作出裁决。因此，有关当事人对其草原争议既不能协议选择人民法院直接处理，也不能由其任何一方直接向人民法院提起诉讼，而另一方申请有关政府作出处理。草原争议当事人一方或者双方因不服政府作出的处理决定而向人民法院提起诉讼，人民法院对这类案件的受理和审理应当适用《行政诉讼法》的规定。根据《最高人民法院关于贯彻执行〈中华人民共和国行政诉讼法〉若干问题的意见(试行)》的规定，公民、法人或者其他组织对人民政府或者其主管部门有关土地、矿产、森林等资源的所有权或者使用权归属的处理决定不服，依法向人民法院起诉的，人民法院应作为行政案件受理。

四、草原利用

(一) 草畜平衡制度

草原载畜量是指在一定放牧时期内，一定草原面积上，在不影响草原生产力及保证家畜正常生长发育的情况下，所能放牧家畜的数量。一般来说，草原的载畜量是根据草原的面积、牧草产量和家畜日采食量来核定的。根据适宜载畜量和实际饲养量之差，可以得出草畜是否平衡的结论。

目前，我国草原生态环境不断恶化的一个重要原因就是草原超载过牧。草原严重超载过牧，使草原得不到休养生息的机会，造成草原生产力下降和草原生态环境不断恶化。同时，由于草原退化，草原承载能力进一步下降，加剧了草畜矛盾，形成恶性循环。实行以草定畜、草畜平衡制度，是为了扭转草畜矛盾不断加剧的恶性循环，逐步建立起草畜动态平衡的良性系统，实现牧区生态与经济的协调发展。

落实草畜平衡制度，一方面要通过采取禁牧、休牧、划区轮牧、牲畜舍饲圈养、提高牲畜出栏率等措施，减轻天然草原的放牧压力，逐步恢复草原植被，改善草原生态环境；另一方面，要积极开展人工草地、饲草饲料基地建设，不断增加饲草供应量，并通过改良牲畜品种、优化畜群结构、提高饲养管理水平等措施，不断提高畜牧业生产效益，促进畜牧业健康发展和牧民的增收。概括来讲，就是应当从增草增畜、转变畜牧业生产经营方式入手，从根本上扭转超载过牧的局面，最终实现草畜平衡。

另外，《草原法》第36条规定，县级以上地方人民政府草原行政主管部门对割草场和野生草种基地应当规定合理的割草期、采种期以及留茬高度和采割强度，实行轮割轮采。这也是为了实现草畜平衡而采取的一个措施。

（二）建设征用使用草原和临时占用草原

《草原法》还分别对建设征用使用草原和临时占用草原的情况作出了规定。因建设征用集体所有的草原的，应当依照《土地管理法》和《土地管理法实施条例》的规定，交纳土地补偿费、安置补助费以及地上附着物和青苗的补偿费。另外，因建设征用或者使用草原的，还应交纳草原植被恢复费。草原植被恢复费是一种资源补偿性质的费用，国家将采取"取之于草，用之于草"的原则，利用所收取的草原植被恢复费，恢复草原植被。草原植被恢复费的征收、使用和管理办法，由国务院价格主管部门和国务院财政部门会同国务院草原行政主管部门制定。

临时占用草原是指因建设项目施工、地质勘察以及部队演习等需要，如地质普查、勘探石油、兴建地上线路、铺设地下管线、各种工程项目施工堆料、拉运物资通道等原因占用草原2年以内，此种占用既不需要改变草原用途，也不改变草原所有权和使用权的行为。根据《草原法》第40条的规定，需要临时占用草原的，应当经县级以上地方人民政府草原行政主管部门审核同意。临时占用草原的期限不得超过2年，并不得在临时占用的草原上修建永久性建筑物、构筑物；占用期满，用地单位必须恢复草原植被并及时退还。

五、草原保护

（一）基本草原保护制度

实行基本草原保护制度，是保障草原面积不再大幅度减少的重要措施，一方面是为了保护脆弱的草原生态环境，另一方面是为了保障草原畜牧业的持续、健康发展。根据《草原法》第 42 条的规定，应当划为基本草原实施严格管理的草原有：第一，重要放牧场；第二，割草地；第三，用于畜牧业生产的人工草地、退耕还草地以及改良草地、草种基地；第四，对调节气候、涵养水源、保持水土、防风固沙具有特殊作用的草原；第五，作为国家重点保护野生动植物生存环境的草原；第六，草原科研、教学试验基地；第七，国务院规定应当划为基本草原的其他草原。

（二）草原自然保护区

除了基本草原保护制度以外，《草原法》第 43 条还对草原自然保护区作出了规定，即："国务院草原行政主管部门或者省、自治区、直辖市人民政府可以按照自然保护区管理的有关规定在下列地区建立草原自然保护区：（一）具有代表性的草原类型；（二）珍稀濒危野生动植物分布区；（三）具有重要生态功能和经济科研价值的草原。"

（三）其他草原保护制度

《草原法》同时还规定了一系列的制度对草原资源进行保护。具体而言，主要有：以草定畜、草畜平衡制度，退耕还草和草原治理、禁牧休牧制度，对草原作业的限制制度，草原防火和病虫害治理等。

第五节　渔业资源保护法律制度

一、渔业资源保护及其立法

1. 概念

渔业资源是指水域中可作为渔业生产经营的对象，及具有科学研究价值的水生生物的总称。主要有鱼类、虾蟹类、贝类、海藻类、淡水食用水生植物类以及其他类 6 大类。

2. 立法

包括 1986 年的《中华人民共和国渔业法》、1987 年的《中华人民共和国渔业法实施细则》、1988 年的《中华人民共和国渔业资源政治保护费缴收使用办法》、1993 年的《中华人民共和国水生野生动物保护实施条例》及《中华人民共和国渔业水质标准》。

二、立法的主要内容

1. 立法目的

（1）加强渔业资源保护、增殖、开发和利用。

（2）发展人工养殖。

（3）保障渔业生产者的合法权益。

（4）促进渔业生产发展，以满足人民生活日益增长的需要。

2. 基本方针

实行以养殖为主，养殖、捕捞、加工并举，因地制宜，各有侧重的方针。

3. 养殖业和捕捞业

（1）养殖业方针。鼓励全民所有制单位、集体所有制单位和个人充分利用适于养殖的水面、滩涂发展养殖业。捕捞业方针：国家鼓励、扶持外海和远洋捕捞业的发展，合理安排内水和近海捕捞力量。

（2）渔业许可制度。指国家根据水产资源状况和渔业生产的实际情况，对从事渔业活动的人员及在渔业活动过程中所采取的方法、使用的船舶、涉及的水域、捕捞对象和作业时间的许可或批准。

4. 增殖和保护

渔业资源增殖措施是指为了促进某些经济鱼类大量繁衍，增加其资源量而进行水域环境改造，如对人工鱼、虾苗种等进行放流的一系列措施。

（1）征收渔业资源增殖保护费专用于增殖和保护渔业资源。

（2）建立水产种质资源保护区。指国家为了保护渔业资源或某种特定的经济鱼类及其产卵、越冬场所所采取的特殊保护措施的水域。未经国务院渔业行政主管部门批准，任何单位或者个人不得在水产种质资源保护区内从事捕捞活动。

（3）禁止在禁渔区、禁渔期进行捕捞。禁渔区是指国家或地方政府为了保护一些重要的经济鱼类及其他水生动物的产卵场、索饵场、越冬场，规定禁止全部捕捞作业或某种捕捞作业的水域。禁渔期是指国家对一些重要的经济鱼、虾及其他水生动物的产卵场、索饵场、越冬场实行全面禁捕或禁止某种捕捞作业的期间。

（4）禁止使用的渔具、渔法。禁止使用炸鱼、毒鱼、电鱼等破坏渔业资源的方法进行捕捞。禁止制造、销售、使用禁用的渔具。禁止使用小于最小网目尺寸的网具进行捕捞。捕捞的渔获物中幼鱼不得超过规定的比例。

（5）渔业水域环境保护。渔业水域环境是指适宜水生经济动植物生长、繁殖、索饵、越冬的水域自然环境条件。

5. 监督管理制度

国家对渔业的监督管理，实行统一领导，分级管理。统一领导指国家对渔业的监督管理进行统筹考虑，统一安排；分级管理指各级政府应对所管辖的水域实行渔业监督管理。按照我国现行渔业法规的规定，县级以上地方人民政府渔业行政主管部门可设检查人员，有权对各种渔业及渔业船舶的证件、渔船、渔具、渔获物和捕捞方法进行检查。

6. 法律责任

依法追究民事责任、行政责任的，包括炸鱼、毒鱼，偷捕或抢夺人养的水产品的行为等。依法追究刑事责任的：一是炸鱼、毒鱼，在禁渔区、禁渔期进行捕捞，使用禁用工具、方法捕捞，擅自捕捞国家禁止捕捞的珍贵水生动物，情节严重的；二是偷捕、抢夺他人养殖水产品，破坏他人养殖水体、养殖设施，情节严重的；三是拒绝、阻碍渔政检查人员执行职务，偷窃、哄抢或破坏渔具、渔船、渔获物，渔检人员玩忽职守或徇私枉法，构成犯罪的。

第六节　农业环境保护法

一、农村环境保护法律规定

（一）农村环境保护法的概念及意义

1. 农村环境保护法的概念

农村环境是指影响农村生物生存和发展的各种天然的和人造的自然因素总体。它包括区域内的农业用地、农业水、大气和生物、交通道路及居民点、建筑物等。而农村环境保护法是指对保护农村生态环境的所有法律法规的总体。

2. 农村环境保护法的特点及意义

（1）农村环境保护法的特点。①居民点分散，环境保护意识差，不好管理；②缺乏环境规划管理，面源污染严重。

农村环境保护法是相对于城市环境保护法，隶属于区域环境保护法。区域环境保护法可分为一般区域环境保护法（城市环境保护法、农村环境保护法等）和特殊区域环境保护法（自然保护区、风景名胜、森林公园和历史文化区等）。目前农村环境面源污染加剧，故保护农村环境，对促进农村经济发展和农业生态系统良好循环、维持生态平衡、保护农村人民身体健康均具有重要指导意义。

（2）保护农村环境的意义。一是保证农村经济和社会持续、稳定、协调发展的需要。乡村是农村经济、政治、文化教育和生活服务的中心，是沟通城乡物资交流的纽带和桥梁，是乡村区域范围的交通、能源、工商业和文化教育等的集中地。它在保证农村农、林、牧、副、渔业全面发展中起着重要作用，也是农村经济和社会持续、稳定、协调发展的基本物质条件。二是保障农村居民身体健康的需要。农村环境质量的好坏，直接关系到农村居民的身体健康，进而影响到农业生产的发展。为保障农村居民的身体健康，维护社会的安定团结，必须保护和改善乡村环境。

（二）农村环境存在问题及产生原因

概括起来主要有3点：①农村环境污染范围逐渐扩大，污染程度及危害加重；②面源污染严重（主要是粪便、农药、化肥等）；③农村乡镇企业污染（点源污染）加重。因此，加强农村环境保护及其立法非常重要。

（三）保护农村环境法律法规

关于农村环境保护所涉及的法律法规及立法主要有：《中华人民共和国环境保护法》（1989年），《中华人民共和国农业法》(2002 年),《全国生态环境建设规划》(1998 年),《基本农田保护条例》(1998 年)。另外,相关法律有《土地法》(1998年)、《村庄和集镇规划建设管理条例》(1993 年)、《水污染防治法》(1996 年颁发,2007 年修订)、国家环保总局 2007 年 5月 21 日公布的《关于加强农村环境保护工作意见》、《全国污染普查条例》(2007 年 10 月)等。这些就构成了农村环境保护的法律法规。

保护农村环境的主要法律规定总结概括如下。

1. 农村建设用地的规定

《土地管理法》及其实施条例规定乡(镇)村建设应当按照合理布局、节约用地的原则制定规划,经县级人民政府批准执行;城市规划区内的乡(镇)村建设规划,经市人民政府批准执行。农村居民住宅建设,乡(镇)村农业建设,乡(镇)村公共设施、公益事业建设的各乡(镇)村建设,应当按照乡(镇)村建设规划进行。乡村建设应当按照规定的程序报乡级人民政府或县级人民政府批准。

乡(镇)村各项建设应当严格控制占用农业生产用地,不得突破县级以上地方政府下达的乡(镇)村建设用地控制指标。

2. 乡(镇)村规划建设管理的规定

乡(镇)村规划是乡(镇)村建设和管理的基本依据。科学的乡(镇)村规划,对于加强乡(镇)村建设管理,改善村庄、集镇的生产、生活环境,促进农村经济和社会发展具有重要的意义。国务院于 1993 年发布了《村庄和集镇规划建设管理条例》,对村庄和集镇规划建设管理作了具体规定,其主要内容如下。

第一,对村庄、集镇规划建设管理,应当坚持合理布局、节约用地的原则。全面规划,正确引导,依靠群众,自力更生,因地制宜,量力而行,逐步建设。

第二,对村庄、集镇规划的编制,由乡级人民政府负责组织。规划的编制，应当遵循统筹兼顾，合理用地、节约用地、有利生产、方便生活，促进乡村生态环境良性循环等原则。

第三，对村庄、集镇规划类型一般分为村庄、集镇总体规划和建设规划。总体规划的主要内容包括：乡级行政的村庄、集镇布点，村庄和集镇的位置、性质、规模和发展方向，村庄和集镇的交通、供水、供电、邮政、商业、绿化等生产和生活服务设施的配置。

第四，对村庄、集镇总体规划和集镇建设规划，须经乡级人民代表大会审查同意，由乡级人民政府报县级人民政府批准；村庄建设规划，须经村民会议讨论同意，由乡级人民政府报县级人民政府批准。

另外，还有农村集镇规划建设的补充规定：①乡政府要编制规划并主管，乡政府批准实施；②保护好饮用水资源，水质达到国家卫生标准；③保护村容村貌，环境卫生，妥善处理粪便、柴堆垛、垃圾堆等；④保护文物古迹建筑设施，军事、邮电、通信、管道等设施不得损坏损失等。

3. 乡镇企业环境管理的规定

为了防治乡镇企业污染，加强对乡镇企业的环境管理，国务院于1984年发布了《关于加强乡镇、街道企业环境管理的规定》，1997年国家环境保护局、农业部、国家计委、国家经贸委联合发布《关于加强乡镇企业环境保护工作的规定》，其主要内容如下。

一是调整企业发展方向，合理安排企业布局。要因地制宜地发展无污染和少污染的行业，在特别保护区内，不准建设污染环境的企业。

二是严格控制新污染源。新建、改建、扩建或转产符合环境保护的法律、法规规定的企业，必须严格执行环境影响评价、"三同时"等制度。

三是坚决制止化工厂、农药厂污染转嫁于农村。

四是禁止乡镇企业新建《关于加强乡镇企业环境保护工作的规定》第二条和国家其他法律法规所规定的必须取缔或者关闭的生产项目。

五是乡镇企业必须严格遵守国家环境保护的法律、法规。必须保护耕地和生态环境，特别要加强对生活饮用水源和灌溉、养殖等水域的保护，不得破坏自然保护区和文物古迹。对已造成污染和破坏的，要限期进行治理和恢复，未完成治理任务的要坚决停产或者关闭。

六是地方各级人民政府要切实加强对乡镇企业的监督管理，县长、乡（镇）长要对本地区的环境质量负责。对乡镇企业从事重污染生产项目，坚持予以取缔或者关闭（如对年生产5 000吨以下的造纸厂、年产折牛皮3万张以下的制革厂和年产500吨以下的染料厂等由县级以上人民政府责令取缔；对土法炼砷、炼汞、炼油、漂染、电镀以及土法生产农药等企业，由县级以上人民政府责令其关闭或停产。严禁非法进口、加工、利用境外固体废物。

综上，过去的及现在对乡镇企业的管理规定主要有：实施环境保护规划制度；环境评价制度；开发利用资源的许可证制度；禁止污染转嫁；严控工业重污染企业；淘汰高能耗企业；完善环境管理，建立责任制；加强重污染点的环境监测；对已污染环境，实行限期治理制度；限制淘汰旧工艺设备；建立排污申请登记、收费管理制度等。

4. 保护农村生态环境的规定

概括起来主要有：保护农村生态环境，防治土壤污染、土地沙化、盐渍化、贫瘠化、沼泽化、水土流失；防治病虫害；合理使用化肥、农药等。

其一，合理利用农业资源，保护土地、水、森林、草原等，合理开发利用水能、沼气、太阳能等清洁能源，发展生态农业，保护和改善农村生态环境，县以上政府要建立农业区划和环境监测制度。

其二，防治农业生态环境污染，科学合理施用化肥、农药和农膜，禁止焚烧秸秆，对造成污染的要限期治理。

其三，要保护好农业资源，主要是保护好土、水、生物资源，搞好水土保持、植树造林、退耕还林还草还湖等，保护好动植物资源。

其四，国家制定下发了关于加强农村环境保护规定及工作意见(2007年5月21日)。其主要内容如下。

①充分认识加强农村环境保护的重要性和紧迫性；

②明确农村环境保护的指导思想、基本原则和主要目标；

③着力解决突出的农村环境问题，如饮用水源地保护，重污染治理，严控工业污染、水产养殖污染、农业面源污染、土壤污染等；

④强化农村环境保护工作措施，如立法、责任制，加大投入，发挥科技作用，加强试点示范、环保队伍建设，加大宣传教育力度等。

5. 关于《全国污染源普查条例》的规定

为科学有效地组织全国污染普查的准确性、及时性，国务院发布了《全国污染源普查条例》(2007年10月9日执行)。其主要内容如下。

①污染源普查的对象、范围、内容和方法等均有具体规定；

②污染源普查的实施计划，数据处理和质量控制；

③数据发布、资料管理和开发利用等也作出明确规定；

④表彰和处罚等附则。

二、农业环境保护法律规定

（一）农业环境的概念和保护农业环境的意义

1. 农业环境的概念

是指影响农业生物生存和发展的各种天然的和经过人工改造的自然因素的总体，包括农业用地、农业用水、大气和生物等。它是农业生产的基本物质条件，其质量的好坏，直接影响到农业生产力的水平和农业产品的质量与产量。农业环境具有以下基本特性。

（1）整体性农业环境是由各种农业环境要素组成的统一整体，这些环境要素之间是相互联系和相互制约的，其中某一环境要素发生变化，就会引起其他环境要素甚至整个农业环境发生相应的变化。

（2）地域性不同地域组成的农业环境要素之间存在着差异性，因而不同地域的农业环境条件也不相同，这就要求因地制宜地发展农业生产，保护和改善农业环境。

（3）变动性农业环境易受自然因素和人为因素作用的影响，其结构和状态常处于一种不断变化的过程中。当人们的活动使农业环境的改变超过一定限度时，系统的自动调节能力就会失控，导致农业环境质量退化。

2. 保护农业环境的意义

（1）它是保证农业生产持续、稳定、协调发展的需要。当前，我国工业"三废"和乡镇企业废弃物的排放，不合理地使用农药、化肥以及滥用农业自然资源等，造成农业环境污染和生态破坏相当严重，已成为制约农业发展的一个重要因素。为了保证农业持续、稳定、协调发展，必须保护和改善农业环境。

（2）它是促进农业生态系统良性循环的需要。当农业生态系统的结构合理时，该系统的整体功能就能得到充分发挥，从而促进系统的良性循环；当农业环境受到污染和破坏，就会影响到农业生态系统的良性循环，严重的还会造成系统的恶性循环，最终影响农业的发展。

（3）它是保证农、畜、水产品质量和保障城乡人民身体健康的需要。因为组成农业环境的各种要素受到污染后，会影响到农、畜、水产品的质量，通过"食物链"的传递，最终会造成对人体健康的危害，影响到城乡人民的身体健康。

（二）保护农业环境的法律规定

《中华人民共和国环境保护法》（以下简称《环境保护法》）对保护农业环境作了概括性的规定，《中华人民共和国农业法》(2002)（以下简称《农业法》）对农业资源与农业环境保护作了专章规定，国务院于 1994 年发布了《基本农田保护条例》，其他有关自然资源法律、法规也对农业环境保护作了规定。归纳起来其主要有以下内容。

1. 保护农业生态环境的规定

《中华人民共和国农业法》规定发展农业必须合理利用资源，保护和改善生态环境。各级人民政府应当制定农业环境保护规划，组织农业生态环境治理。国务院《关于环境保护工作的决定》中指出："要认真保护农业生态环境。各级环境保护部门要会同有关部门积极推广生态农业，防治农业环境的污染和破坏。"

2. 防治农业环境污染的规定

造成农业环境污染的污染源主要有 3 类：①工业污染源（主要指工矿企业排放的"三废"污染源）；②农业污染源（主要指农业用化学物质污染源，如农药、化肥、农用薄膜、化学除草剂等）；③城市污染源（主要指城市排入农业环境中的垃圾、生活废水污染源）。加强对农业环境污染源的管理，防治农业环境污染，在农业环境保护中占有极为重要的地位。

《环境保护法》规定，各级人民政府应当加强对农业环境的保护，防止土壤污染，推广植物病虫害的综合治理，合理施用化肥、农药及植物生长调节剂等。

《农业法》规定，农业生产经营组织和农业劳动者应当保养土地，合理施用化肥、农药，增加施用有机肥料，提高地力，防止土地的污染、破坏和地力衰退。

《中华人民共和国水污染防治法》(以下简称《水污染防治法》)规定，向农田灌溉渠道排放工业废水和城市污水，应当保证其下游最近的灌溉取水点的水质符合农田灌溉水质标准；利用工业废水和城市污水进行灌溉，应当防止污染土壤、地下水和农产品。使用农药，应当符合国家有关农药安全使用的规定和标准；运输、存储农药和处置过期失效农药，必须加强管理，防止造成水污染。县级以上人民政府的农业管理部门和其他有关部门，应当采取措施，指导农业生产者科学、合理地使用化肥和农药，控制化肥的过量施用，防止造成水污染。

另外，《中华人民共和国固体废物污染环境防治法》对防止或者减少农用薄膜对环境的污染也作出了规定。

第二部分　法律法规

第一章　我国宪法规定的基本制度

第一节　宪法的产生与发展

我国近代意义上的宪法于19世纪由日本传入我国。1908年，清政府颁布了《钦定宪法大纲》，由此，近代意义上的宪法在我国初步确立下来。1912年，以孙中山先生为首的资产阶级革命派制定的《中华民国临时约法》是一部具有资产阶级革命性、民主性的宪法。

1949年的《中国人民政治协商会议共同纲领》，在新中国建国初期起着临时宪法的作用。在此之后，我国分别于1954年、1975年、1978年和1982年制定了四部宪法。

1982年的宪法即现行宪法，除序言外，分为总纲、公民的基本权利和义务、国家机构和国旗、国歌、国徽、首都，共四章138条。该宪法总结了我国30多年来社会主义建设的经验，集中了全国人民的智慧，是一部适应新时期社会主义现代化建设需要的、具有中国特色的宪法。由于法律固有的滞后性，我国对1982年宪法迄今为止已经颁布了四次宪法修正案，分别是1988年、1993年、1999年和2004年，共计通过31条。1982年宪法是对1954年宪法的继承和发展，是一部较为完善并具有中国特色的宪法，它的颁布与实施将我国的民主宪政建设推向了一个新的高度。

宪法是我国的根本大法，它集中体现了工人阶级领导的广大人民群众的共同意志和根本利益，它规定了我国的基本政治经济制度和根本任务，规定了我国公民的基本权利和基本义务以及国家尊重和保障人权的原则。它是我国治国的根本法律依据，是治国安邦的总章程。

第二节　我国的国家制度

一、人民民主专政制度

我国《宪法》第 1 条第 1 款规定："中华人民共和国是工人阶级领导的、以工农联盟为基础的人民民主专政的社会主义国家。"宪法的这一规定，明确了我国的国家性质，即社会主义制度是我国的根本制度，人民民主专政是我国国家性质的具体体现。

人民民主专政是我国的国体，亦称国家性质，即国家的阶级本质，它是由社会各阶级、阶层在国家中的地位反映出来的国家的根本属性。它包括两个方面：一是各阶级、阶层在国家中所处的统治与被统治地位；二是各阶级、阶层在统治集团内部所处的领导与被领导地位。

人民民主专政实质上即无产阶级专政。人民民主专政是无产阶级专政的一种具体表现形式，二者在精神实质上、核心内容上是根本一致的。这表现在：领导力量一致——中国共产党；阶级基础一致——工农联盟；专政职能一致——保护人民，打击敌人；历史使命一致——实现共产主义。

人民民主专政制度的阶级结构为：①工人阶级为领导阶级，工人阶级（通过中国共产党）对国家的领导是人民民主专政的根本标志。工人阶级能够成为我国的领导阶级，是由我国工人阶级的本质、特点和肩负的历史使命决定的。②以工农联盟为阶级基础，以知识分子为依靠力量。我国革命和建设的发展历程表明，工人阶级领导的工农联盟是夺取新民主主义革命胜利的重要保证，也是社会主义事业胜利发展的重要保证。现阶段，工农联盟是我国实行社会主义市场经济的主要依靠力量，是党和国家制定政策和法律的出发点和依据。知识分子从来都不是一个独立的阶层，而是从属于不同阶级的特殊阶层。在现阶段，我国的知识分子从总体上讲已经成为工人阶级的组成部分，在国家建设中发挥着非常重要的作用。因此，《宪法》序言中规定："社会主义的建设事业必须依靠工人、农民和知识分子，团结一切可以团结的力量。"

二、人民代表大会制度

我国的政体又称政权组织形式，是指统治阶级按照一定的原则组成的、代表国家行使权力以实现阶级统治任务的国家政权机关的组织体制。

所谓人民代表大会制度，就是指我国人民在中国共产党的领导下，按照民主集中制的原则，依照法定的程序，选举产生全国人大和地方各级人大，并以人大为基础，建立全部国家机构，以实现人民当家做主的制度。

人民代表大会制度的基本原则就是民主集中制。所谓民主集中制，就是既有民主，又有集中，在民主的基础上实行集中，在集中的指导下实行民主，将民主与集中有机结合的一种原则。

人民代表大会制度在我国国家生活和社会生活中发挥着极为重要的作用。具体作用有：保障国家的社会主义性质；保障人民当家做主的主人翁地位；调动中央与地方两个积极性，保障国家权力的顺利实现；保障平等的民族关系等。

人民代表大会制度不仅是我国国家机构和国家政治生活的

基础，是其他政治制度的核心，而且也是我国人民实现当家做主的基本形式。因此对我国来说，人民代表大会制度是极其优越的制度，主要体现在：①人民代表大会制度适合中国国情，是我国人民革命政权建设的经验总结，因而具有很强的生命力；②人民代表大会制度便于人民参加国家管理；③人民代表大会制度便于集中统一行使国家权力。

三、中国共产党领导的多党合作和政治协商制度

实行何种政党制度是由国家性质、国情、国家利益和社会发展要求所决定的。中国的政党制度既不同于西方国家的两党或多党竞争制，也有别于一些国家实行的一党制，而是中国共产党领导的多党合作和政治协商制度。这一政党制度是中国共产党与各民主党派在中国革命、建设和改革的长期实践中确立和发展起来的，是中国共产党同各民主党派风雨同舟、团结奋斗的成果，是由人民民主专政的国体决定的，又与人民代表大会制度的政体相适应，是当代中国的一项基本政治制度。中国人民政治协商会议是中国人民爱国统一战线的组织，是中国共产党领导的多党合作和政治协商的重要机构，也是中国政治生活中发扬民主的重要形式。

中国人民政治协商会议全国委员会由中国共产党、各民主党派、无党派人士、人民团体、各少数民族和各界的代表，香港特别行政区同胞、澳门特别行政区同胞、台湾同胞和归国侨胞的代表以及特别邀请的人士组成，设若干界别。中国人民政治协商会议全国委员会设主席、副主席若干人和秘书长，每届任期5年，全体会议每年举行一次。在中国，省、自治区、直辖市设中国人民政治协商会议省、自治区、直辖市委员会；自治州、设区的市、县、自治县、不设区的市和市辖区，凡有条件的地方，均可设立中国人民政治协商会议，各该地方的地方委员会，每届任期五年，全体会议每年至少举行一次。人民政

协围绕团结和民主两大主题开展工作，履行政治协商、民主监督、参政议政职能。中国人民政治协商会议在国家政治生活、社会生活和对外友好活动中，在进行现代化建设、维护国家统一和团结中，发挥着重要作用。中国共产党和各级政府大政方针以及政治、经济、文化、社会生活中的重要问题，在决策之前和决策执行过程中在人民政协进行协商，广泛听取各方面意见，集思广益，这是中国共产党和各级政府实现决策科学化和民主化的重要环节。

四、我国的民族区域自治制度

民族区域自治制度是我国为解决民族问题、处理民族关系，实现民族平等、团结而建立的基本政治制度。它是指在统一的祖国大家庭内，在国家的统一领导下，以少数民族聚居区为基础，建立相应的自治地方，设立自治机关，行使自治权，使实行区域自治的民族的人民实现当家做主管理本民族内部地方性事务的权利。主要包括以下主要内容：第一，各民族自治地方都是中华人民共和国不可分离的部分，各民族自治地方的自治机关都是中央统一领导下的地方政权机关；第二，民族区域自治必须以少数民族聚居区为基础，是民族自治与区域自治的结合；第三，在民族自治地方设立自治机关，民族自治机关除行使宪法规定的地方国家政权机关的职权外，还可以依法行使广泛的自治权。

五、基层群众自治制度

基层民主是我国广大工人、农民、知识分子和各阶层人士，在城乡基层政权机关、企事业单位和基层自治组织中依法直接行使的民主权利，包括政治、经济、文化、教育等领域的民主权利，渗透到社会生活各个方面，具有全体公民广泛和直接参与的特点。它不仅是一种基层自治和民主管理制度，而且作为国家制度民主的具体化，是社会主义民主广泛而深刻的实践。

农村基层民主政治建设。中国 13 亿人口中有 8 亿多在农村。如何扩大和发展农村基层民主，使农民在所在村庄真正当家做主，充分行使自己的民主权利，是中国民主政治建设的重大问题。经过多年的探索和实践，中国共产党领导亿万农民找到了一条适合中国国情的推进农村基层民主政治建设的途径，这就是实行村民自治。村民自治是广大农民直接行使民主权利，依法办理自己的事情，实行自我管理、自我教育、自我服务的一项基本制度。民主选举、民主决策、民主管理和民主监督是村民自治的主要内容。村民自治发端于 20 世纪 80 年代初期，发展于 80 年代，普遍推行于 90 年代，已成为在当今中国农村扩大基层民主和提高农村治理水平的一种有效方式。

城市社区民主政治建设。城市居民委员会是中国城市居民实现自我管理、自我教育、自我服务的基层群众性自治组织，是在城市基层实现直接民主的重要形式。新中国成立后，即在全国各个城市普遍建立居民委员会，实现城市居民对居住地公共事务管理的民主自治。1982 年，城市居民委员会制度首次写入中国宪法。1989 年，全国人大常委会制定了《城市居民委员会组织法》，为城市居民委员会发展提供了法律基础和制度保障。目前，城市社区建设正在由点到面、由大城市向中小城市、由东部地区向西部地区推进，以完善城市居民自治，建设管理有序、服务完善、环境优美、文明祥和的新型社区正在全国展开。

职工代表大会制度建设。职工代表大会，是保证职工对企事业单位实行民主管理的基本制度。在中国，职工在企事业单位中享有的当家做主的民主权利，主要通过职工代表大会制度来实现。我国宪法、全民所有制工业企业法、劳动法、工会法和全民所有制工业企业职工代表大会条例等法律法规，均对职工代表大会制度作了相应规定。改革开放以来，职工代表大会和其他形式的企事业单位的民主管理制度在实行民主管理、协调劳动关系、保障和维护职工合法权益、推进企事业单位的改革、发展、稳定等方面发挥了不可替代的作用。

六、经济制度

经济制度是指一国通过宪法和法律调整以生产资料所有制形式为核心的各种基本经济关系的规则、原则和政策的总和。我国 1999 年通过的宪法修正案规定："国家在社会主义初级阶段，坚持公有制为主体、多种所有制经济共同发展的基本经济制度，坚持按劳分配为主体、多种分配方式并存的分配制度。"

（一）社会主义公有制是我国经济制度的基础

我国 1999 年通过的宪法修正案规定："中华人民共和国的社会主义经济制度的基础是生产资料的社会主义公有制，即全民所有制和劳动群众集体所有制。"全民所有制和劳动群众集体所有制是我国社会主义公有制的两种基本形式。全民所有制经济即国有经济是国民经济中的主导力量，控制着国家的经济命脉，决定着国民经济的社会主义性质，我国宪法规定，"国家保障国有经济的巩固和发展"；集体所有制经济是我国社会主义公有制的重要组成部分，我国宪法规定："国家保护城乡集体经济组织的合法的权利和利益，鼓励、指导和帮助集体经济的发展。"

（二）非公有制经济是社会主义市场经济的重要组成部分

我国 1999 年通过的宪法修正案规定："在法律规定范围内的个体经济、私营经济等非公有制经济，是社会主义市场经济的重要组成部分。"2004 年通过的宪法修正案规定："国家保护个体经济、私营经济等非公有制经济的合法的权利和利益。

国家鼓励、支持和引导非公有制经济的发展，并对非公有制经济依法实行监督和管理。"

第三节　我国公民的基本权利和义务

公民是指具有一个国家的国籍，并根据该国宪法和法律的规定享受权利和承担义务的自然人。我国宪法规定，凡具有中华人民共和国国籍的人都是中华人民共和国公民。公民的基本权利和义务，是指由宪法规定的公民享有和履行的最主要的权利和义务。公民的权利和义务具有广泛性、现实性、平等性和一致性。

一、我国公民的基本权利

（一）平等权

《宪法》第33条规定："中华人民共和国公民在法律面前一律平等。任何公民享有宪法和法律规定的权利，同时必须履行宪法和法律规定的义务。"

（二）政治权利和自由

《宪法》第34条规定："年满18周岁的中华人民共和国公民，不分民族、种族、性别、职业、家庭出身、宗教信仰、教育程度、财产状况、居住期限，都有选举权和被选举权；但是依照法律被剥夺政治权利的人除外。"公民有言论、出版、集会、结社、游行、示威的自由。公民对任何国家机关和国家工作人员，有提出批评和建议的权利；对于任何国家机关和国家工作人员的违法失职行为，有向有关国家机关提出申诉、控告、检举的权利。公民权利受到国家机关和国家工作人员侵犯而受到损失的人，有依照法律规定取得赔偿的权利。

（三）宗教信仰自由

《宪法》保障公民有宗教信仰的自由。国家保护正常的宗教活动。任何人不得利用宗教进行破坏社会秩序、损害公民身体健康、妨碍国家进行教育制度的活动。依照宪法精神和相关法律规定，任何人都不得打着宗教信仰自由的旗号组织和参加邪教组织。

（四）人身自由

《宪法》第 37 条规定："公民的人身自由不受侵犯。任何公民，非经人民检察院批准或决定或人民法院决定，并由公安机关执行，不受逮捕。禁止非法拘禁和以其他方法非法剥夺或限制公民的人身自由，禁止非法搜查公民的身体。"公民的人格尊严不受侵犯。禁止用任何方法对公民进行侮辱、诽谤和诬告陷害。公民的住宅不受侵犯。禁止非法搜查或非法侵入公民的住宅。公民的通信自由和通信秘密受法律的保护。除因国家安全或追查刑事犯罪的需要，由公安机关或检察机关依照法律规定的程序对通信进行检查外，任何组织或个人不得以任何理由侵犯公民的通信自由和通信秘密。

（五）经济、社会、文化方面的权利

《宪法》保障公民的合法的收入、储蓄、房屋和其他合法财产的所有权以及公民的私有财产继承权。公民有劳动的权利。劳动者有休息的权利。国家发展劳动者休息和休养的设施，规定职工的工作时间和休假制度。国家依照法律规定实行企业事业组织的职工和国家机关工作人员的退休制度。退休人员的生活受到国家和社会的保障。公民在年老、疾病或者丧失劳动能力的情况下，有从国家和社会获得物质帮助的权利。国家发展为公民享受这些权利所需要的社会保险、社会救济和医疗卫生事业。公民有受教育的权利，有进行科学研究、文学艺术创作和其他文化活动的自由。

（六）特定主体的权利

我国《宪法》规定，妇女在政治的、经济的、文化的、社会的和家庭的生活等各方面享有同男子平等的权利。婚姻、家庭、母亲和儿童受国家的保护。保护华侨的正当的权利和利益，保护归侨和侨眷的合法的权利和利益。随着社会的发展，我国《宪法》所确认和保障的公民基本权利的范围将会越来越广泛。

二、我国公民的基本义务

（一）维护国家统一和全国各民族团结的义务

这是我国公民必须履行的基本义务之一。国家统一和各民族团结是国家繁荣、民族昌盛的重要标志。国家的统一和全国各民族的团结，是建设有中国特色社会主义事业取得胜利的基本保证，也是实现公民基本权利的保证。全体公民必须自觉履行这一义务，坚决反对任何分裂国家和破坏民族团结的行为，并坚决同破坏国家统一和民族团结的行为作斗争。

（二）遵守宪法和法律，尊重社会公德的义务

我国《宪法》第53条规定："中华人民共和国公民必须遵守宪法和法律，保守国家秘密，爱护公共财产，遵守劳动纪律，遵守公共秩序，尊重社会公德。"遵守宪法和法律是公民最基本和最起码的义务；保守国家秘密，爱护公共财产，遵守劳动纪律，遵守公共秩序，尊重社会公德，是公民遵守宪法和法律义务在不同社会领域的具体表现。

我国公民必须遵守宪法和法律。宪法是国家的根本大法，具有最高的法律效力。全国各族人民、一切国家机关和武装力量、各政党和各社会团体、各企事业组织，都必须以宪法为根本活动准则，并且负有维护宪法尊严、保证宪法实施的职责。我国公民必须保守国家秘密。国家秘密关系到国家的安全和利益，泄露国家秘密必然给国家和社会造成重大损失，侵害人民的利益。因此宪法规定公民有保守国家秘密的义务。爱护公共财产、遵守劳动纪律、遵守公共秩序、尊重社会公德对于国家

的利益、对于国家的经济发展和社会秩序的稳定具有重要的意义。

总之，我国宪法和法律是工人阶级领导的广大人民群众共同意志和利益的集中体现和反映，遵守宪法和法律就是尊重人民的意志，维护人民的利益；尊重社会公德，是社会主义精神文明的重要内容，是维护社会安定团结的需要。

因此，每个公民都应自觉遵守宪法、法律和社会公德，与一切违反宪法和法律、破坏社会公德的行为作斗争。

（三）维护祖国安全、荣誉和利益

我国《宪法》第54条规定："中华人民共和国公民有维护祖国的安全、荣誉和利益的义务，不得有危害祖国的安全、荣誉和利益的行为。"这是保障社会主义现代化建设和改革开放顺利进行的需要，任何公民不得为一己私利或小集团的利益而有损国家的安全、荣誉和利益。如果危害国家安全，给国家利益造成损害，要依法追究其刑事责任。

（四）保卫祖国，抵抗侵略，依法服兵役和参加民兵组织

保卫祖国，抵抗侵略是每一个公民应尽的职责，也是维护国家独立和安全的需要，是保卫社会主义现代化建设、保卫人民幸福生活的需要。所以，每一个公民都必须自觉地依法履行这一光荣义务和神圣职责。

保卫祖国必须有一支强大的人民武装力量，因此服兵役和参加民兵组织是公民保卫祖国、维护国家安全的实际行动。我国《兵役法》第3条第1款规定："中华人民共和国公民，不分民族、种族、性别、职业、家庭出身、宗教信仰和教育程度，都有义务依照本法的规定服兵役。"

（五）依法纳税

税收是国家建设资金的重要来源，也是国家财政收入的重要来源之一。它"取之于民，用之于民"。公民依法纳税，对

于增加国家财政收入，保证国家经济建设资金的需要，改善和提高人民生活都具有重要意义。每个公民都应自觉遵守和执行国家税收法规和政策，与偷税、漏税、抗税的违法行为作斗争，以维护国家的利益。

第四节　我国的国家机构

一、国家机构概述

国家机构是国家机关的总和，是统治阶级为实现国家职能而建立的具有强制力的组织。对我们国家来说，国家机构体现了民主与专政两方面的矛盾统一，是我国人民民主专政的工具。根据我国现行宪法的规定，我国国家机构可分为中央国家机关和地方国家机关。中央国家机关包括全国人民代表大会及其常务委员会、国家主席、国务院、中央军事委员会、最高人民法院、最高人民检察院；地方国家机关则包括地方各级人民代表大会及其常务委员会、地方各级人民政府、地方各级人民法院和人民检察院，以及特别行政区的各级地方国家机关。以上这些部门遵循着人民代表大会制度和民主集中制的原则，总和组成了中华人民共和国国家机构。

二、中央国家机关

（一）全国人民代表大会及其常务委员会

我国宪法规定：全国人民代表大会是最高国家权力机关，是行使国家立法权的机关。全国人民代表大会在我国国家机构体系中居于最高地位，其他中央国家机关都由全国人民代表大会产生，并对它负责，受它监督。全国人民代表大会制定的法律和通过的决议，其他国家机关都必须遵守和执行。全国人民代表大会行使下列职权：修改宪法并监督宪法的实施；制定和修改基本法律；选举、决定和罢免国家机关领导人；决定国家重大问题；最高监督权；其他应当由它行使的职权。

全国人大常委会是全国人大的常设机关，是立法机关，是人民经常行使国家权力的最高国家权力机关。全国人大常委会行使下列职权：解释宪法、监督宪法的实施；根据宪法规定的范围行使立法权；解释和修改法律；审查和监督行政法规、地方性法规的合宪性和合法性；对国民经济和社会发展计划以及国家预算部分调整方案的审批权；监督国家机关的工作；决定、任免国家机关领导人员；主持全国人大代表的选举、召集全国人大会议；国家生活中其他重要事项的决定权；全国人大授予的其他职权。

（二）中华人民共和国主席

中华人民共和国国家主席是我国国家机构的重要组成部分，对外代表中华人民共和国。国家主席、副主席由全国人民代表大会选举产生。根据宪法的规定，我国国家主席主要有以下职权：公布法律、发布命令；任免国务院组成人员和驻外全权代表；外交权；荣典权等。

（三）国务院

中华人民共和国国务院，即中央人民政府，是最高国家权力机关的执行机关，是最高国家行政机关。国务院实行总理负责制，对全国人大及其常委会负责并报告工作。宪法关于国务院职权的规定包括：行政法规的制定和发布权；行政措施的规定权；提出议案权；对所属部、委和地方各级行政机关的领导权及其监督权；对国防、民政、文教、经济等各项工作的领导权和管理权；对外事务的管理权；行政人员的任免、奖惩权；最高国家权力机关授予的其他职权。

（四）中央军事委员会

我国宪法规定："中华人民共和国中央军事委员会领导全

国武装力量。"因此，中央军事委员会是全国武装力量的最高领导机关。中央军委实行主席负责制，由主席向全国人大和全国人大常委会负责；中央军委主席有权对中央军事委员会职权范围内的事项作出最后决策。

三、地方国家机关

（一）地方各级人民代表大会及县以上地方各级人大常委会

根据我国宪法和地方组织法的规定，省、自治区、直辖市，自治州、市、县、自治县、市辖区、乡、民族乡、镇设立人民代表大会。地方各级人大是地方国家权力机关，由通过直接选举或间接选举产生的代表组成。其职权包括：保证宪法、法律、行政法规和上级人大及其常委会决议的遵守和执行；决定重大的地方性国家事务；选举和罢免本级国家机关负责人；省、自治区、直辖市和较大的市等的人民代表大会可以制定和颁布地方性法规等。县以上地方各级人大常委会是本级人大的常设机关，对本级人大负责并报告工作。它的主要职权包括领导本级人大代表的选举，召集本级人民代表大会会议；决定本行政区域内政治、经济、教科文卫等方面的重大事项；对"一府两院"和下级人大及其常委会行使监督权；任免其他国家机关的有关工作人员；省、自治区、直辖市、较大的市等的人大常委会可以制定地方性法规等。

（二）地方各级人民政府

根据我国宪法规定，地方各级人民政府是地方各级国家权力机关的执行机关，是地方各级国家行政机关。它由同级人民代表大会产生，既对同级人民代表大会及其常委会负责并报告工作，同时也对上一级人民政府负责。地方各级人民政府实行首长负责制。

四、人民法院与人民检察院

人民法院是国家的审判机关。根据宪法和人民法院组织法的规定，我国人民法院的组织体系包括：全国设立最高人民法院、地方各级人民法院和专门人民法院；地方各级人民法院分为高级人民法院、中级人民法院、基层人民法院；专门人民法院包括军事法院、海事法院、铁路运输法院。

人民检察院是国家的法律监督机关。根据宪法和人民检察院组织法的规定，我国人民检察院的组织体系包括：全国设立最高人民检察院、地方各级人民检察院和专门人民检察院。地方各级人民检察院分为省、自治区、直辖市人民检察院；省、自治区、直辖市人民检察分院，自治州和设区的市人民检察院；县、不设区的市、自治县和市辖区人民检察院。专门人民检察院包括军事检察院、铁路运输检察院等。

第二章　我国的实体法律制度

实体法律制度主要是规定法律关系主体的权利和义务或职权和职责的法律制度的总称。我国的实体法律制度，主要包括民商法律制度、行政法律制度、经济法律制度、刑事法律制度等。

民商法是调整平等主体的公民之间、法人之间、公民和法人之间的财产关系、人身关系和商事关系的法律规范的总称。

行政法是调整行政关系的法律规范的总称。

经济法是对社会主义商品经济关系进行整体、系统、全面、综合调整的一个法律部门。

刑法是规定犯罪、刑事责任和刑罚的法律。

第一节　我国的民法法律制度

民商法与人们日常活动的关系最直接、最密切。人们的人身、财产等权益受民商法保护，买卖、租赁，处理票据、证券、保险、公司业务等活动都要受到民商法的调整。

一、民法的概念和基本原则

民法是调整平等主体的公民之间、法人之间、公民和法人之间的财产关系和人身关系的法律规范的总称。1986 年 4 月颁布、1987 年 1 月 1 日起施行的《中华人民共和国民法通则》（以下简称《民法通则》），是我国的民事基本法，是我国调整民事关系的主要规范性法律文件。

民法的基本原则是民法的宗旨和基本准则，是制定、解释、执行和研究民法的出发点，是民法精神实质之所在。我国民法的基本原则主要如下所示。

（1）民事主体地位平等的原则。指民事主体在民事活动中的法律地位平等，即民事主体在民事活动中享有各自独立的法律人格，在具体的民事法律关系中互不隶属、地位平等，能独立表达自己的意志。

（2）自愿原则。指民事活动当事人在进行民事活动时意志独立、自由和行为自主，即民事主体在从事活动时，以自己的真实意志来充分表达自己的意愿，通过自己的内心意愿来设立、变更和终止民事法律关系。

（3）公平原则。指在民事活动中以利益均衡作为价值判断标准，用来衡量民事主体之间的物质利益关系，确定民事主体的民事权利义务及其承担的民事责任等。它是民法精神的集中体现，也是社会主义道德观的民法体现。

（4）等价有偿原则。指民事主体在从事民事活动时，应按照价值的客观要求进行等价交换，以实现各自的经济利益。

（5）诚实信用原则。简称诚信原则，是指民事主体从事民事活动、行使民事权利和履行民事义务时，都应本着诚实、善意的态度，即讲究信誉、恪守信用、意思表示真实、行为合法等。它是限制不正当竞争、维护市场经济秩序的必然要求，也是社会主义道德规范在民法上的表现。

（6）保护民事权利与禁止权利滥用原则。保护民事主体的合法民事权益是民法的主要任务。《民法通则》专章论述了物权、债权、知识产权和人身权，同时，还以专章规定了民事责任制度，对侵权者给予法律制裁，对受害者以补偿。但是，民事活动当事人在行使自己的民事权利时，必须遵守国家法律，尊重社会公德，不得损害社会公共利益，扰乱社会经济秩序，从而实现个人利益、他人利益和社会利益的均衡。

二、民事主体制度

民事主体是指在民事法律关系中独立享有民事权利和承担

民事义务的公民和法人。在特定的关系中，国家也可以成为特殊的民事主体，如国家行使财产所有权或发行公债、国库券。

1. 公民（自然人）

（1）公民的法律地位。公民是指基于自然状态出生而具有一国国籍的人。自然状态出生，表明了公民的自然属性；而具有一国国籍，则表明了公民的社会属性，它意味着公民在国家中的法律地位，是公民作为民事主体的一种资格。根据《民法通则》的规定，在我国境内的外国人和无国籍人也可以成为我国的民事主体。

（2）公民的民事权利能力和民事行为能力。公民的民事权利能力是指法律赋予公民进行民事活动，享有民事权利和承担民事义务的资格。也可以说，它是公民取得民事权利，承担民事义务的前提或者先决条件。公民的民事权利能力与人的生存有着不可分割的联系。根据《民法通则》的规定，我国公民的民事权利能力始于出生，终于死亡。

公民的民事行为能力是指公民以自己的行为参与民事法律关系，实际行使民事权利和承担民事义务的资格。《民法通则》对公民的民事行为能力作了如下分类：①18周岁以上的公民是成年人，具有完全民事行为能力；16周岁以上不满18周岁的公民，以自己的劳动收入为主要生活来源的，视为完全民事行为能力人。②10周岁以上的未成年人是限制民事行为能力人，可以进行与他的年龄、智力相适应的民事活动；不能完全辨认自己行为的精神病人是限制民事行为能力人，可以进行与他的精神健康状况相适应的民事活动；其他民事活动要由其法定代理人代理。③不满10周岁的未成年人和不能辨认自己行为的精神病人是无民事行为能力人，由其法定代理人或监护人代理民事活动。

2. 法人

（1）法人的概念和特征。法人是具有民事权利能力和民事行为能力，依法独立享有民事权利和承担民事义务的社会组织。

根据《民法通则》的规定，社会组织必须具备下述条件才能取得法人资格。

①依照法律和法定程序成立。②有独立的财产和经费。法人所拥有的独立财产和经费是指依法归法人自己所有或者依法归他自己独立经营管理的财产。③有自己的名称、组织机构和场所。法人的名称就是法人的字号，是某一法人区别于其他法人的标志。法人的组织机构是管理法人的事务，代表法人参与民事活动的机构总称。法人的场所是法人从事生产经营活动的地方，也可以说，是法人有自己业务活动或办公地点以及独立财产的标志。④能够以自己的名义独立承担民事责任、独立参与法律活动。

社会组织必须同时具备上述4个条件，才可以成为法人。

（2）法人的民事权利能力和行为能力。法人的民事权利能力就是法人所享有的参与民事活动，取得民事权利，承担民事义务的资格。法人的民事权利能力从法人成立时产生，在法人解散、被撤销、被宣告破产或因其他原因而终止时消灭。

法人的民事行为能力是指法人以自己的行为进行民事活动，实际行使民事权利并承担民事义务的资格。法人的民事行为能力与自然人的民事行为能力有所不同，法人依法定程序成立后，不仅取得民事权利能力，同时也具备了民事行为能力。

在法人终止时，二者也同时消灭。

法人的民事行为能力是由法人机关来实现的，法人机关是指法人的最高权力机构或者他的最高管理机构。在法人机关中，只有法人的主要行政负责人，才是法人的法定代表人，如公司董事长或总经理。他在其权限范围内所进行的活动，就是法人的行为，不需要任何其他授权，而法人的各个职能部门只按照代理权进行活动。

（3）法人的种类。

①企业法人。企业法人的特征是以生产经营为其活动内容，实行独立经济核算，自负盈亏，并且向国家纳税的单位。企业法人主要包括：全民所有制企业法人、集体所有制企业法人、私营企业法人、联营企业法人、中外合营企业法人、外资企业法人。②非企业法人。非企业法人是指不直接从事生产和经营的法人，其特征在于以国家管理和非经营性的社会活动为其内容。因此，非企业法人也可以称为非营利法人。它主要包括：国家机关法人、事业单位法人、社会团体法人。

3. 民事法律行为与代理制度

（1）民事法律行为

①民事法律行为的概念和特征。民事法律行为是指公民或法人以设立、变更、终止民事权利和民事义务为目的，具有法律约束力的合法行为。

民事法律行为是最重要、最广泛的法律事实，绝大多数民事法律关系的设立、变更、终止，都是通过民事法律行为来实现的。公民之间、法人之间以及公民与法人之间所订立的买卖、租赁、保管等各种合同行为以及债权和债务转让、公民立遗嘱、放弃继承的行为，均能产生预期的权利义务关系，都属于民事法律行为。

②民事法律行为的有效条件。行为人要有实施民事法律行为的民事行为能力。行为人意思表示真实。所谓意思表示真实，是指行为人的意思表示与其内心的意思相一致。在欺诈、胁迫等条件下所作出的意思表示并不是自愿的，也是不真实和无效的。行为不违背法律或者社会公共利益。不违反法律，是指民事法律行为的内容和形式要符合宪法、法律和有关行政法规的规定。不得违反社会公共利益，主要是指行为不得违背社会善良风俗、习惯、公共秩序，以及不允许损害公益事业和利益等。

（2）代理。代理是指代理人在代理权限范围内，以被代理人的名义独立与第三人为民事法律行为，由此产生的法律效果直接归属于被代理人的一种法律制度。在代理关系中，代为他人实施民事法律行为的人称为代理人；由他人代为自己实施民事法律行为的人称为被代理人或本人；与代理人实施民事法律行为的人称为相对人或第三人。

依据代理权产生的根据，可将代理分为意定代理、法定代理和指定代理。

意定代理又称委托代理，是基于被代理人的授权而发生的代理。法定代理是基于法律的直接规定而取得代理权的代理。法定代理主要是为无民事行为能力人或限制行为能力人设定代理人的方式。指定代理是基于法院或有关机关的指定行为而发生的代理。产生代理的事由消失时，代理关系归于消灭。

代理的范围很广，主要包括：代为实施各种表现行为，如代签合同；代为实施民事诉讼行为；代为实施某些行政行为，如代为缴纳税款等。但有人身性质的行为、有人身性质的债务、内容违法的行为不能代理。

三、民事权利制度

民事权利是指自然人、法人或其他组织在民事法律关系中享有的具体权益。民事权利所包含的权益，可以分为财产权益和非财产权益。因此，民事权利可以分为财产权和非财产权两大类。我国民法所规定的民事权利，主要有物权、债权、知识产权、继承权、人身权等。

（一）物权

民法上所讲的物权是指权利人直接支配特定的"物"的权利。通常分为完全物权（又称自物权，即占有、使用、收益、处分的权利）和不完全的物权（又称他物权、限制物权）。财产所有权是物权的一种，它是物权中内容最广泛、最充分的一种权利。享有了财产所有权，也就享有了对该所有物完全支配的权利，因此，财产所有权也就是民法上的完全物权。

民法上的物权除财产所有权外，还有一些不完全的物权，如担保物权、用益物权（使用、收益）。这些物权的特点是：①权利人往往不是物的所有者，但对物享有财产所有权的一项或几项权能，如依法占有权、使用权、收益权。这些物权是在他人（所有人）的所有物上享有的某种有限的权利，故又称为"他物权"、"限制物权"。②这种权利，一方面具有物权的一般性质，权利人可以对抗任何不特定的相对人；另一方面又不像财产所有权那样，包括四项完整的权能。在通常情况下，这种权利人没有对财产的处分权。

（二）债权

1. 债的概念

我国《民法通则》第 84 条第 1 款规定："债是按照合同的约定或者依照法律的规定，在当事人之间产生的特定的权利和义务关系，享有权利的人是债权人，负有义务的人是债务人。"债的内容包括债权和债务。

2. 债的法律特征

①债反映财产流转关系。财产关系依其形态分为财产的归属利用关系和财产的流转关系。物权和知识产权反映的是静态的财产归属利用关系，而债却是反映动态的财产流转关系。②债的主体双方都是特定的。债权人只能向特定的债务人主张权利，债务人也必须向特定的债权人履行义务。债权是一种相对权。③债以债务人履行债务这一特定的行为为客体。债权的实现必须依靠义务人履行义务的行为，义务人不履行义务，债权人的权利就不能实现。④债发生的原因具有多样性、任意性。债可以是因合法行为产生，也可以是因违法行为产生，而且当事人可以依法任意设定债，但物权和知识产权就不具有此

特征。

3. 债的发生原因

债的发生原因是指引起债的法律关系产生的法律事实。可发生债的法律事实主要有合同、侵权行为、不当得利、无因管理。在某些情况下，当事人自己的意思即可构成债的关系，如遗嘱。

4. 债的履行

债的履行是指债务人按照合同的约定或法律的规定履行其义务。债的履行以全面履行为原则，可分为完全正确履行、不适当履行和不履行三种。一般情况下，债务人均应完全正确履行其义务，但在双务合同中如符合法定条件，当事人一方亦可对抗对方当事人的履行请求权即行使抗辩权。

5. 债的移转与消灭

债的移转。债的移转是指在债的内容不发生改变的情况下，债的主体发生变更的一种法律事实。债的移转包括债权的让与和债务的承担。债权的让与须通知债务人，且须以有效的债权存在为前提。同时依《合同法》第 79 条的规定，有个别债权是不得让与的，主要包括：①根据合同性质不得转让的；②按照当事人约定不得转让的；③依照法律规定不得转让的。债务承担有债务全部或部分移转给第三人承担的两种情况，但都必须征得债权人的同意且性质上不可移转的债务、当事人特别约定不能移转的债务均不能构成债的承担。

债的消灭是指债的双方当事人间的权利义务终止的情况。债的消灭的主要原因有：①清偿。清偿即履行，是指债务人按照法律规定或者合同的约定向债权人履行义务。②抵销。抵销是指当事人双方相互负有同种类的债，将两项相互冲抵，使其冲抵部分消灭的情况。③提存。提存是指因债权人的原因或其他原因致使债务人无法向债权人履行到期债务，不得已将标的物提交有关部门保存的行为。④免除。免除是指债权人放弃其债权，从而全部或部分终止债的关系的单方行为。⑤混同。混同是指债权和债务同归于一人，致使债的关系消灭的事实。

（三）知识产权

知识产权是指民事主体对智力劳动成果依法享有的专有权利。知识产权的内容较多，主要包括著作权、专利权、商标权。

知识产权具有如下特征：①知识产权的客体是智力成果，其不具有物质形态；②专有性，即知识产权的权利主体依法享有独占使用智力成果的权利，他人不得侵犯；③地域性，即知识产权是一种受地域限制的权利；④时间性，即知识产权只在法定的时间内有效。

（四）继承权

继承是指自然人死亡后，由法律规定的一定范围内的人或遗嘱指定的人依法取得死者遗留的个人合法财产的法律制度。其中，死者是被继承人，被继承人死亡时遗留的财产是遗产，依法承受遗产的人是继承人。

继承权具有如下特征：①继承权的主体只能是自然人；②继承权的取得以继承人与被继承人存在特定的身份关系为前提；③继承权是一项财产权；④继承权具有不可转让性；⑤继承权发生的根据是法律的直接规定或者合法有效的遗嘱。

根据继承权产生方式的不同，继承权主要有法定继承权和遗嘱继承权之分。法定继承权是基于法律规定而享有的继承权，遗嘱继承权是基于被继承人生前立下的合法有效的遗嘱而享有的继承权。

（五）人身权

人身权是民事主体依法享有的与其人身不可分离的无直接财产内容的民事权利。人身权分为人格权和身份权。

人格权是法律规定的民事主体所享有的以人格利益为客体的民事权利。物质性人格权包括生命权、身体权、健康权；精神性人格权包括姓名权（名称权）、肖像权、名誉权、自由权、隐私权、贞操权、婚姻自主权等。

身份权是民事主体基于某种特定身份而依法享有的一种民事权利。身份权主要包括配偶权、亲权、亲属权、荣誉权、知识产权中的人身权等。

物权、债权、知识产权、继承权、人身权构成了完整的民事权利体系。民法分别就各种民事权利的产生、变更、移转、消灭设置了具体规则，分别构成各种民事权利制度。

四、民事责任制度

民事责任是公民或法人违反民事义务，侵犯他人合法权益，依照民法所应承担的民事法律责任。我国《民法通则》以民事责任发生的原因为标准，将其分为违反合同的民事责任和侵权的民事责任两类。

（一）违反合同的民事责任

违反合同是指合同当事人没有履行或者没有适当地履行自己依照合同应履行的合同义务。违反合同的形式主要有三种：全部不履行；不适当履行；迟延履行。

承担违反合同的民事责任的要件是：①行为人有不履行或不适当履行合同的行为，即没有按照合同条款规定的要求履行合同；②要有损害事实，并且损害后果确系因上述违反合同的行为所造成；③违反合同的当事人主观上有过错。

违反合同的法律责任，《民法通则》规定："当事人一方不履行合同义务或者履行合同义务不符合约定条件的，另一方有权要求履行或者采取补救措施，并有权要求赔偿损失。"可见，违反合同的情况不同，由此而产生的法律后果也不同，归纳起来，后果主要有三种：继续全面履行、偿付违约金、赔偿损失。

（二）侵权行为的民事责任

侵权行为的民事责任，是指行为人因自己的过错，实施非法侵犯他人的财产权利、人身权利和知识产权的行为，行为人在造成他人权益损害时，应对受害人负赔偿的民事责任。

侵权行为主要包括：侵犯财产所有权的行为；侵害公民生命健康权的行为；侵犯公民人身权的行为；侵害知识产权的行为。

对于一般侵权行为来说，其民事责任由下列要件构成：①损害事实的发生；②致害行为的违法性。对于行为的违法性，应当作广义的解释，判断行为是否违法，既要以我国宪法、民事法规、其他法规为依据，也要以现行政策和公共生活准则为依据。因合法行为致人以损害，行为人不负赔偿责任。这些合法行为主要包括：执行职务的行为、正当防卫行为、紧急避险行为；③违法行为和损害事实之间存在因果关系；④侵害人主观上有过错，包括故意和过失两种形式。

侵害人向受害人赔偿损失，是侵害人承担侵权的民事责任的重要方式。因此，在处理侵权损害赔偿纠纷时，应当分清是非，明确责任，依法处理。一般说来，应遵循下列原则：①遵循完全赔偿的原则。侵害人对给受害人造成的财产损失，应负责全部赔偿。②公平合理的原则。确定赔偿数额时，既要考虑当事人的过错程度和性质，也要适当考虑当事人的经济状况。③对精神损害应适当给予赔偿的原则。根据不同的侵权行为，侵权人除了应承担全部财产责任外，还应承担停止侵害、消除影响、恢复名誉、赔礼道歉等民事责任。

依据我国民法规定，承担民事责任的方式主要有：①停止侵害；②排除妨碍；③消除危险；④返还财产；⑤恢复原状；⑥修理、重作、更换；⑦赔偿损失；⑧支付违约金；⑨消除影响、恢复名誉；⑩赔礼道歉。上述承担民事责任的方式，可以单独适用，也可以合并适用。而且不排除同时适用其他法律制裁。

五、民事诉讼时效制度

诉讼时效是指权利人经过法定期限不行使自己的权利，依法律规定其胜诉权便归于消灭的时效制度。当权利人得知自己的权利受到侵犯后，必须在法律规定的诉讼时效期间内向人民法院提出请求保护其合法权益。超过法定期限以后再提出请求的，除法律有特别规定的以外，人民法院不再予以保护，即权利人的胜诉权归于消灭，义务人可以不再履行义务。但义务人自愿继续履行的，不受诉讼时效限制，仍然有效。

诉讼时效分为一般诉讼时效和特殊诉讼时效两类。一般诉讼时效是指由民法统一规定的诉讼时效期限。《民法通则》规定的一般诉讼时效期间为 2 年。特殊诉讼时效是指民法特别规定的短期时效和各种单行法规规定的时效期限。《民法通则》规定下列四种性质的案件，诉讼时效期间为 1 年：①身体受到伤害要求赔偿的；②出售质量不合格的商品未声明的；③延付或拒付租金的；④寄存财物被丢失或毁损的。《合同法》第 129 条规定涉外合同诉讼时效期间为 4 年。

诉讼时效期间从知道或者应当知道权利被侵害时起计算。但是，从权利被侵害之日起超过 20 年的，当事人便丧失起诉权，人民法院不再受理其提出的起诉。

诉讼时效中止是指在诉讼时效期间的最后 6 个月，因不可抗力或其他障碍不能行使请求权的，诉讼时效停止计算。从中止时效的原因消除之日起，诉讼时效期间继续计算。

诉讼时效中断是指在诉讼时效进行中，由于发生法定事由，使以前经过的时效期限统归无效，时效期间从中断之时起重新计算。法定事由包括提起诉讼、当事人一方提出履行要求和义务人同意履行义务 3 种情况。

诉讼时效延长是指因有特殊情况，权利人不可能按诉讼时效期限行使请求权的，人民法院可以适当延长诉讼时效期间。如因出国、战争等情况而不能行使请求权时，人民法院可以允许延长诉讼时效期间，以保障其合法权益。

六、合同法律制度

合同是指平等主体的自然人、法人、其他组织之间设立、变更、终止民事权利义务关系的协议。其中，享有权利的人为债权人，承担义务的人为债务人。

合同具有以下特征：①合同是平等民事主体之间所实施的一种民事法律行为。任何一方不得将自己的意愿强加给另一方。合同是一种民事法律行为，据此合同的签订必须符合法律、法规，否则不能产生合同的效力。②合同是以设立、变更、终止民事权利义务关系为目的。合同除涉及债权债务关系外，还涉及民事关系的其他方面，如物权方面。合同的目的除了设立民事权利义务关系外，还包括变更、终止民事权利义务关系。③合同是当事人意思表示一致的体现。合同是双方的民事法律行为，合同的成立必须要有两个以上的当事人，各方当事人必须互相作出意思表示，并且是当事人在平等、自愿基础上协商一致达成的意思表示。

合同法是调整平等主体的自然人、法人、其他组织之间设立、变更、终止民事权利义务关系的法律规范的总称。1999年3月15日九届全国人大第二次会议通过了《合同法》。该法的立法宗旨是为了保护合同当事人的合法权益，维护社会经济秩序，促进社会主义现代化建设。该法自1999年10月1日起施行。

当事人订立合同，通常分为要约和承诺两个阶段。

（1）要约。是要约人希望和他人订立合同的意思表示，也称为订约提议、发盘或发价。要约到达受要约人时生效。在要约的有效期内，要约人不得随意变更或撤回要约。如必须撤回要约的，其通知应当在要约到达受要约人之前或者与要约同时到达受要约人。

（2）承诺。是受要约人同意要约的意思表示，也称为接受提议或接盘。承诺的内容应当和要约的内容一致。《合同法》规定，受要约人对要约的内容作出实质性变更的，为新要约。合同的内容以承诺的内容为准。承诺应当在要约规定的期限内到达要约人，自承诺到达要约人时生效。

当事人订立合同，有书面形式、口头形式和其他形式。行政法规规定采用书面形式的，应当采用书面形式。当事人约定采用书面形式的，应当采用书面形式。书面形式是指合同书、信件和数据电文等可以有形地表现所载内容的形式。

合同的内容由当事人约定，一般应当包括以下条款。

①当事人的名称或者姓名和住所；②标的，即当事人的权利义务共同指向的对象，包括物、行为和智力成果；③标的物的品种、数量；④标的物的质量；⑤标的物的价款或者劳务报酬；智力成果的价款；⑥合同的履行期限；⑦合同的履行地点和方式；⑧违约责任；⑨解决争议的方法。

七、商事法律制度

商法又分为广义的商法和狭义的商法。广义的商法，是调整一切商事关系的商法规范的总称，包括国际商法和国内商法。通常所说的商法是指狭义的商事法律，其调整的对象为商事关系，主要表现为商事主体在从事各种以营利为目的的营业活动中所发生的社会经济关系以及与此相连的社会关系的总和。商事关系的核心内容是商行为，即商事主体所实施的各种经营活动，包括买卖、运送、保管、居间、行纪、代办、信贷、保险、信托、加工、出版、印刷、广告、服务、娱乐等行为。商事关系只能发生在营利性活动中，商事主体从事商行为，目的就是为了谋取超出资本的利益并将其分配于投资者，营利性是商事关系区别于其他非商事关系的基本特征。由于商行为具有营利性的特征，因此，商事主体从事商行为需要取得法律的认可，即在从事商事活动之前必须取得从事该种行为的资格，也由此产生了一系列用于调整此种行为的商事法律法规。

关于商事法律的规定，在民商合一与民商分立的国家是有区别的。我国采取的是民商合一的立法模式，即没有在民法之外制定统一的商法典。就法律的表现形式而言，并没有独立于民法之外的商法典，关于商事的法律，除编入《民法通则》的以外，又采取单行商事法规的立法方式，分别制定了《中华人民共和国公司法》《中华人民共和国合伙企业法》《中华人民共和国票据法》《中华人民共和国证券法》《中华人民共和国海商法》《中华人民共和国保险法》《中华人民共和国拍卖法》《中华人民共和国破产法》等法律。

（一）公司

公司是指依照法律规定，由股东投资而设立的以营利为目的的社会组织。公司依法成立之后，取得法人资格，对股东全部投资依法享有法人财产所有权，自主经营，自负盈亏，独立享有民事权利，承担民事责任。

在我国，公司分为有限责任公司和股份有限责任公司，必须具备一定条件，才可设立公司。有限责任公司的要求为：股东符合法定人数；股东出资达到法定资本最低限额；股东共同制定公司章程；有公司名称，建立符合有限责任公司要求的组织机构；有公司住所。股份有限责任公司的要求为：发起人符合法定人数；发起人认购和募集的股本达到法定资本最低限额；股份发行、筹办事项符合法律规定；发起人制订公司章程，采用募集方式设立的经创立大会通过；有公司名称，建立符合股份有限公司要求的组织机构；有公司住所。

依法成立的公司具有以下特征：①公司必须依法设立，设立条件必须达到法律的要求，包括具备必要的资金、经营场所与经营条件，有自己的名称和组织机构等。②公司是以营利为目的的经营组织，营利是股东投资的出发点。③公司资本由股东投资构成。公司股东作为资本所有者按投资额享有资产收益，同时，股东以其出资额或者持有的股份对公司承担责任。④公司独立承担民事责任。

公司以其全部法人财产，对公司债务独立承担责任，股东只需以出资额为限承担责任，除此之外，不承担公司的其他债务，即股东的有限责任。

（二）证券法

证券是各种有价证券的统称，有价证券包括货币证券、财产证券和资本证券。证券法上的证券是有价证券的一种，是有价证券中的资本证券，包括股票、债券、新股认购权利证书、投资基本受益凭证等，其中，主要是指股票和债券。资本证券是一种证权证券，是证明已经存在的权利而做成的证券。资本证券是筹集资金的重要手段，可以调节资金流向和社会流通资金数量，有利于分散经营风险，提高企业经营管理水平。

证券法是调整在我国境内的股票、公司债券和国务院依法认定的其他证券的发行和交易的法律规范的总称。证券法调整对象是在证券发行和交易过程中所产生的证券关系。它包括证券发行者、承销者、认购者之间的证券发行关系；证券转让者与购买者以及其与中介者之间的证券交易关系；证券市场的组织、运行与管理关系。

证券法的基本原则有公开、公平、公正原则、合法性原则、国家干预原则等。

（1）公开、公平、公正原则。证券的发行、交易活动，必须实行公开、公平、公正的原则，这是证券法最基本的原则。公开原则的基本要求是从事证券业务活动的人依法向证投资者提供与证券发行和交易相关的实质性信息和材料应当真实、完整、准确、及时，不得含有虚伪、误导陈述及遗漏重大事实，使投资者能够在知悉真相的情况下进行选择投资。公平原则强调的是投资者的法律地位平等，同股同权、同股同利。投资者应当在同等条件下进行证券投资。公正原则要求从事证券发行、交易活动的当事人具有平等的法律地位，应当遵守自愿、有偿、诚实信用的原则。

（2）合法性原则。凡是参与证券业务的人和证券投资者在证券业务活动和投资中均应当遵守法律和行政法规的规定。

（3）国家干预原则。国家对证券业实行集中统一监督管理。在实行行政管理的前提下，通过依法设立的证券业协会，实行自律性管理。

证券的发行，是指证券发行人按照法定条件和程序发售证券的行为。证券的发行涉及证券发行人、中介机构和认购人三方面的关系人。证券发行人是指为了筹集资金而发行证券的企业、银行和其他非银行金融机构以及政府。投资人是指认购证券的个人、企业法人、金融机构、基金组织等。中介机构主要包括证券承销商、会计师事务所、律师事务所、资产评估机构等。

证券发行可以采取直接发行和间接发行两种方式。直接发行是由证券发行人直接向证券投资者出售其发行的证券，这是一种内部发行方式，主要适用于非公开发售或定向发售。间接发行，又称为承销，是由证券发行人委托证券经营机构向社会公开出售证券的一种发行方式。

证券的承销是间接发行方式。证券法规定，凡是超过一定金额的证券都应当采取承销方式，否则，证券主管机关将命令发行人采取承销方式，或者不批准证券的发行。

发行人向不特定对象公开发行的证券，法律、行政法规规定应当由证券公司承销的，发行人应当同证券公司签订承销协议。证券承销业务采取代销或者包销方式。证券代销是指证券公司代发行人发售证券，在承销期结束时，将未售出的证券全部退还给发行人的承销方式。证券包销是指证券公司将发行人的证券按照协议全部购入或者在承销期结束时将售后剩余证券全部自行购入的承销方式。

证券承销商，是指从事证券交易的金融中介机构。我国的证券承销商主要是证券公司、商业银行、投资银行等。证券公司承销证券，应当对公开发行募集文件的真实性、准确性、完整性进行核查；发现有虚假记载、误导性陈述或者重大遗漏的，不得进行销售活动；已经销售的，必须立即停止销售活动，并采取纠正措施。承销商在证券的发行过程中，承担着顾问、分销以及保护等功能。

公开发行证券的发行人有权依法自主选择承销的证券公司。证券公司不得以不正当竞争手段招揽证券承销业务。向不特定对象公开发行的证券票面总值超过人民币五千万元的，应当由承销团承销。承销团应当由主承销和参与承销的证券公司组成。这是为了提高承销效率和分散证券承销的风险。

证券上市，是指公开发行的证券满足法定条件时，其发行者可以提请证券交易所予以审查，经主管机关批准之后，在证券交易所集中竞价买卖的法律行为。申请证券上市交易，应当向证券交易所提出申请，由证券交易所依法审核同意，并由双方签订上市协议。公司有违反法律、行政法规规定的行为及公司解散或者被宣告破产的，由证券交易所终止其公司债券上市交易。

证券交易，是指证券发行人对已经发行的证券在证券交易市场中进行买卖、转让的行为。依法公开发行的股票、公司债券及其他证券，应当在依法设立的证券交易所上市交易或者在国务院批准的其他证券交易场所转让。只有上市公司才能在交易所挂牌进行交易。证券在证券交易所上市交易，应当采用公开的集中交易方式或者国务院证券监督管理机构批准的其他方式。非上市的证券只能在柜台进行交易。

禁止的交易行为：

（1）内幕交易行为。禁止证券交易内幕信息的知情人和非法获取内幕信息的人利用内幕信息从事证券交易活动。证券交易内幕信息的知情人和非法获取内幕信息的人，在内幕信息公开前，不得买卖该公司的证券，或者泄露该信息，或者建议他人买卖该证券。内幕信息，是指证券交易活动中，涉及公司的经营、财务或者对该公司证券的市场价格有重大影响的尚未公开的信息。

（2）短线交易行为。上市公司董事、监事、高级管理人员、持有上市公司股份5%以上的股东，将其持有的该公司的股票在买入后6个月内卖出，或者在卖出后6个月内又买入，由此所得收益归该公司所有，公司董事会应当收回其所得收益。但是，证券公司因包销购入售后剩余股票而持有5%以上股份的，卖出该股票不受6个月时间限制。

（3）操纵市场行为。禁止任何人以下列手段操纵证券市场：单独或者通过合谋，集中资金优势、持股优势或者利用信息优势联合或者连续买卖，操纵证券交易价格或者证券交易量；与他人串通，以事先约定的时间、价格和方式相互进行证券交易，影响证券交易价格或者证券交易量；在自己实际控制的账户之间进行证券交易，影响证券交易价格或者证券交易量等。

（4）虚假陈述行为。禁止国家工作人员、传播媒介从业人员和有关人员编造、传播虚假信息，扰乱证券市场。禁止证券交易所、证券公司、证券登记结算机构、证券服务机构及其从业人员，证券业协会、证券监督管理机构及其工作人员，在证券交易活动中作出虚假陈述或者信息误导。各种传播媒介传播证券市场信息必须真实、客观，禁止误导。

（5）欺诈客户行为。禁止证券公司及其从业人员从事下列损害客户利益的欺诈行为：违背客户的委托为其买卖证券；不在规定时间内向客户提供交易的书面确认文件；挪用客户所委托买卖的证券或者客户账户上的资金；未经客户的委托，擅自为客户买卖证券，或者假借客户的名义买卖证券；为牟取佣金收入，诱使客户进行不必要的证券买卖；利用传播媒介或者通过其他方式提供、传播虚假或者误导投资者的信息等。欺诈客户行为给客户造成损失的，行为人应当依法承担赔偿责任。

（三）票据

票据是有价证券的一种，是出票人依法签发的由自己或者委托他人于见票时或者在到期日无条件支付一定金额给受款人的一种有价证券，属于金钱性证券。我国《票据法》所规定的票据包括汇票、本票和支票。

汇票是出票人签发的，委托付款人在见票时或者在指定日期无条件支付确定的金额给收款人或者持票人的票据。本票是出票人签发的，承诺自己在见票时无条件支付确定的金额给收款人或者持票人的票据。支票是出票人签发的，委托办理支票存款业务的银行或者其他金融机构在见票时无条件支付确定的金额给收款人或者持票人的票据。

票据具有支付和信用的功能，其法律上具有如下特点。

（1）票据是完全的有价证券。票据权利的发生必须做成证券；票据权利的转让必须交付证券；票据权利的行使必须提示证券；票据权利的消灭必须缴回证券。

（2）票据是要式证券。票据应当按照法定的方式和形式予以记载，否则，票据行为不发生法律上的效力。

（3）票据是文义证券。票据上的权利义务完全以票据上的记载为准。

（4）票据是无因证券。票据关系一旦产生，票据持有人只能依照票据上的记载享有和行使权利，而不问其原因关系和资金关系如何。

（5）票据是设权证券。票据权利是随着票据的产生同时发生的，没有票据，就没有票据权利。

（6）票据是流通性证券。票据属于金钱性证券，其基本功能之一就是流通。一般说来，无记名票据，可以依据单纯交付而转让；记名票据，必须经背书交付才能转让。

票据法是调整票据当事人之间的票据授受关系和货币支付关系的法律规范的总称。票据法的目的是为了规范票据行为，保障票据活动中当事人的合法权益，维护社会经济秩序，促进社会主义市场经济的发展。一般意义上所说的票据法是指狭义的票据法，即专门的票据法规范，它是规定票据的种类、形式和内容，明确票据当事人之间的权利义务的法律规范。

（四）保险法

保险有商业保险和社会保险之分。我国保险法上所称的保险为商业保险，是指投保人根据合同约定，向保险人支付保险费，保险人对于合同约定的可能发生的事故因其发生所造成的财产损失承担赔偿保险金责任，或者当被保险人死亡、伤残、疾病或者达到合同约定的年龄、期限时承担给付保险金责任的商业保险行为。保险具有互助性、补偿性、自愿性和储蓄性。

保险的构成要件为：①被保险人对保险标的有能以金钱估量的并为法律所认可的经济利益。②保险必须以有危险存在为前提。这种危险具有不确定性，即危险的发生与否、发生时间、所导致的后果不确定。③保险人必须对危险所造成的损失给予经济补偿。④保险人必须将其所承担的危险分散于可能遇到同类危险的多数人。⑤保险是通过保险合同来实现的一种分散危险和消化损失的制度。

依据保险标的不同，可以分为财产保险和人身保险。前者以财产利益作为保险的标的，后者以人身利益作为保险的标的。

依据保险实施的形式分类，可以分为强制保险和自愿保险。前者是根据法律的规定强制实施的保险，后者是取决于当事人的自愿。

依据保险人所负责任的次序先后，可以分为原保险和再保险。相对于再保险而言的第一次保险为原保险。保险企业将其所承担保险责任的一部分或者全部分散给其他保险企业承担的保险，是第二次保险，是保险的保险。

保险法是调整保险关系的法律规范的总和。保险法一般由保险合同法律制度、保险业法律制度和保险监督管理制度三部分组成。

第二节　我国的行政法律制度

行政法是调整行政关系的法律规范的总称，它是国家公务员依法行政的法律武器。学习行政法知识，加深对依法行政的认识，有助于增强农民的行政法律意识和法制观念，提高遵守行政法的自觉性。

一、行政法概述

行政法是调整行政关系的法律规范的总称，亦可理解为行政法是关于行政权力的组织分工和行使、运作，以及对行政权力进行监督的法律规范的总称。

据此，可以对行政法作如下认识和理解。

第一，行政法是创设、规定行政机关及行政权力的法。所谓行政权力是一个国家权力体系中负责执行国家权力机关的意志、维护社会、经济、文化等秩序，增进社会公共利益，管理社会事务的权力。行政法不仅创设、规定行政机关，而且还要创设、规定行政权力。例如，《中华人民共和国国务院组织法》就明确规定了国务院及其各部委的组成及其行政职权的划分。

第二，行政法是规范行政权力的行使和运用的法。此类规则构成了行政法的核心，具体分成两大类：一类是分散在各个特别法或部门法之中的规则。例如，《中华人民共和国海关法》《中华人民共和国税收征管法》等分别是规范海关权力、税收权力行使的具体规则；另一类是统一规定于某一法律，各行政机关都普遍适用的规则，如《中华人民共和国行政处罚法》。

第三，行政法是监督行政权力的法。为确保行政主体依法行政、维护行政相对人的利益、创建和谐统一的法律秩序，必须对行政权力的取得和行使予以有效监督。所以，宪法中的某些条款如民主集中制原则、依法办事原则就是行政法的重要渊源；司法机关对行政权力的监督适用行政诉讼法及刑法中的某些条款；行政机关对行政权力的监督是通过监察、审计及上下级之间的监督等方式进行的。诸如此类的监督规则均是行政法律规则。

二、行政法的基本原则

行政法的基本原则是贯穿于行政法律规范之中，指导行政法的制定、修改、废除并指导行政法实施的基本准则。

（一）依法行政原则

依法行政原则是行政法的一项基本原则，要求行政权力主体必须依据法规取得行政权力并对行使权力的行为承担法律责任。其基本涵义是：①职权法定。行政机关及其工作人员的职责权力均是法律创设的，行政机关及其工作人员行使权力都应以法律为依据。②权责统一。行政权力与行政责任密不可分，行政机关的职权既是权力，同时又是义务。在通常情况下，行政权力主体不能放弃、转让其权力，否则就意味着失职、弃职。例如，征税既是税务部门的权力，又是其义务。③依程序行政。依法行政不仅要求行政机关行使的权力合法，而且也要求其程序合法。④违法行为必须承担法律责任。行政机关行使行政权力一旦违反职权法定、权责统一、程序合法等法律规定，就必须承担相应的法律后果。

（二）合理行政原则

合理行政原则又称公平、公正原则，它要求行政权力主体行使行政权力应当客观、适度，符合理性。其具体要求是：①动机合法。即行使行政权力的动机应当符合法律授予该权力的宗旨。②行为正当。即行政主体及其行政人员行使权力，实施行政行为时应当建立在正当考虑的基础上。所谓正当的考虑，是依照正常人的经验、知识和理解水平所应当考虑或不考虑的情形。③内容和结果公平合理。即行使权力的内容和结果应当公平、适度，合乎情理，具有可行性。④违反合理行政原则要承担法律责任。对于不适当、不合理及显失公正的行政行为，应由法定机关予以纠正。根据《中华人民共和国行政复议法》的规定，行政复议机关有权纠正不适当的具体行政行为。同时，如果不合理的行政行为侵害了相对人的合法权益，行政主体应承担法律责任。

三、国家行政机关

国家行政机关是指按照宪法和有关组织法的规定而设立的依法行使国家行政职权、对国家各项行政事务进行组织和管理的国家机关。它是国家权力机关的执行机关，是行政法律关系的主体之一。

在我国，国家行政机关的基本结构是：在中央政府一级的行政机关有：国务院，国务院各部、委，国务院的直属局等；在地方政府的序列中的行政机关有：各省、自治区、直辖市的人民政府，市（设区的市）、自治州的人民政府，县级市、县、自治县的人民政府，乡、民族乡、镇的人民政府；地方各级人民政府的职能部门；地方各级人民政府的派出机关，如行政公署、区公所、街道办事处。地方各级人民政府是同级人民代表大会的执行机构，受上级人民政府和国务院领导。

国家行政权既是职权也是职责，它是由国家法律、法规规定的，行政主体不可推卸。行政主体必须忠实履行职责，不得失职。按照行政职权的内容可将其划分为行政立法权、行政决定权、行政确认权、行政命令权、行政措施实施权、行政救济权、行政处罚权和行政监督权等。

四、行政行为

行政行为是指行政主体为实现国家行政目的，行使行政职权和履行行政职责所实施的一切具有法律意义的、产生法律效果的行为。可以依据不同的标准，将行政行为分为不同种类。如抽象行政行为和具体行政行为，羁束行政行为和自由裁量行政行为，内部行政行为和外部行政行为，单方行政行为和双方行政行为，要式行政行为和不要式行政行为，依职权的行政行为、依授权的行政行为和依委托的行政行为等。其中，最常见的区分方法是以行政行为所针对的行政相对人是否特定为标准，将行政行为分为抽象行政行为和具体行政行为。

抽象行政行为是指行政机关针对非特定行政相对人制定的具有普遍约束力并且可以反复适用的规范性文件的行为。在我国，具体行政行为是指行政主体针对特定行政相对人，适用行政法律法规，采取具体行政措施、作出行政处理决定的行为，包括行政许可、行政给付、行政奖励、行政确认、行政裁决等依申请行政行为，也包括行政规划、行政命令、行政征收、行政处罚、行政强制等依职权行政行为。

（一）行政许可

行政许可是指行政主体根据行政相对人的申请，通过颁发许可证或执照形式，依法赋予特定行政相对人从事某种活动或实施某种行为的权利和资格的行政行为。行政许可制度是国家行政管理的重要手段之一。2003 年 8 月 27 日第十届全国人大常委会通过《行政许可法》。该法于 2004 年 7 月 1 日起开始实施。

（二）行政奖励

行政奖励是指行政主体依照法定条件，对严格遵守行政法规范并作出一定成绩的行政相对人，给予精神和物质上鼓励的具体行政行为。行政奖励可分为 3 种形式：①精神性奖励，又称荣誉性奖励，主要包括嘉奖、记功、授予荣誉称号，如通令表彰、记一等功、授了"劳动模范"称号等；②物质性奖励，主要有颁发奖金和奖品；③优惠性奖励，如国家公职人员的晋级、晋职等。

（三）行政确认

行政确认是指行政主体依法对行政相对人的法律地位、法律关系或有关法律事实给予确定、认定、证明并予以宣告的具体行政行为。行政确认可分为两个方面：一是确认法律事实，如技术鉴定（计算鉴定、交通责任事故认定、产品质量鉴定、组织医疗事故鉴定等）、卫生检疫、抚恤性质和等级的鉴定、公证；二是确认法律关系，如不动产所有权的登记确认、不动产使用权的登记确认、婚姻登记、工商登记、税务登记、社团登记、商标权登记、合同效力的确认、专利权确认。

（四）行政征收

行政征收是指行政主体凭借国家行政权，依法向行政相对人强制、无偿地征集一定数额金钱或实物的行政行为。行政征收要严格依照法定程序。我国目前的行政征收方式主要有税收和社会费用。税收是国家税收机关凭借其行政权力，依法强制、无偿地取得财政收入的一种手段。税收只能由税务机关和海关负责征收。社会费用是一定行政机关凭借国家行政权所确立的地位，为行政相对人提供一定的公益服务，或授予国家资源和资金的使用权而收取的代价。

（五）行政强制

行政强制是指行政主体为实现行政目的，对行政相对人的财产、人身及自由等予以强制而采取的措施。如公安机关对犯罪嫌疑人的拘留。行政强制执行是行政强制措施的最为基本的类别。行政强制执行，是指在行政相对人不履行应履行的法定义务时，行政机关或人民法院依法迫使其履行义务，或者达到与履行义务相同的状态。

要严格规范行政强制措施，依法保障行政行为相对人的合法权益。在司法改革中，我国公安机关对适用行政强制措施进行了改革和规范。2003 年 8 月，公安部发布了《公安机关办理行政案件程序规定》，对公安机关适用的限制人身自由行政强制措施的适用对象、条件、期限、程序等都作了明确规定。同时，明确规定公安机关在办理行政案件中，"以非法手段取得的证据不能作为定案的根据"，以防止刑讯逼供等非法取证现象的发生。

（六）行政裁决

行政裁决是指行政机关依照法律授权，对当事人之间发生的、与行政管理密切相关的民事纠纷予以审查并作出裁决的行政行为。行政裁决的范围有：裁决权属纠纷，如对土地所有权或使用权纠纷的裁决；裁决侵权纠纷，如对商标权、专利权纠纷的裁决；裁决损害赔偿纠纷，如对食品卫生、药品管理、环境保护、医疗卫生、产品质量、社会福利方面纠纷的裁决。

（七）行政处罚

行政处罚指具有法定处罚管辖职权的行政主体，对违反行政法规范的公民、法人或其他组织所实施的一种行政制裁。1996 年 3 月 17 日八届人大第四次会议通过、1996 年 10 月 1 日起正式施行的《中华人民共和国行政处罚法》，系统规定了行政处罚的种类和设定、行政处罚的机关、行政处罚的管辖和适用、行政处罚的程序以及法律责任等相关内容。

行政处罚的种类可以分成四大类：①申诫罚，是一种影响对方声誉、给对方施加一定精神上压力的处罚类型，包括警告、通报批评、责令具结悔过等。②财产罚，是一种剥夺一定财产或者科以财产给付的处罚类型，包括罚款、没收非法财产或非法所得等。③能力罚或资格罚，是一种取消、限制某种能力或资格的处罚类型，如吊销许可证和营业执照、责令停产停业等。④人身罚，是短期内限制人身自由的一种处罚，包括行政拘留和劳动教养。

行政处罚的实施机关分为以下四类：①具有法定处罚权的国家行政机关，如公安机关在治安管理处罚方面享有法定处罚权。②经特别决定而获得行政处罚权的国家行政机关，如限制人身自由的行政处罚权只能由公安机关行使。③法律、法规授权的具有管理公共事务职能的组织，如卫生防疫站在食品卫生管理方面享有处罚权。④行政机关依法委托的组织。在实施行政处罚时，应考虑法定的从轻、减轻或从重情节，以及一人有多个违法行为等因素。

（八）行政复议

行政复议是指复议机关对公民、法人或者其他组织认为侵犯其合法权益的具体行政行为，基于申请而予以受理、审查并作出相应决定的具体行政行为。

第三节　我国的经济法律制度

一、经济法的概念和原则

经济法是调整国家对经济实行宏观调控和对经济活动进行协调的过程中所发生的经济关系的法律规范的总称。经济法是国家为促进和保障市场经济的健康发展，维护经济秩序而制定的，经济法的本质是国家对经济的干预和协调。

经济法的基本原则是贯穿于经济法始终的、经济主体在经济活动中应当遵循的基本行为准则。

我国经济法的基本原则如下。

（一）保障和促进以公有制经济为主体、多种所有制经济共同发展原则

建立社会主义市场经济体制，就是要使市场在国家宏观调控下对资源配置起基础性作用。为此，在经济法中必须反映以公有制经济为主体、多种所有制经济共同发展的基本经济制度。在积极促进公有制经济发展的同时，还要大力鼓励、促进非公有制经济的发展。经济法保护一切合法的财产所有权。

（二）国家适度干预原则

现代市场经济是以市场主体的自主自治为前提的，但仍需要国家的干预以避免或预防市场失灵的缺欠。国家干预既要防止干预过多，也要防止干预过少，因此，要将国家适度干预作为经济法的原则，强调干预范围和干预手段的法律化，避免干预的随意性。

（三）鼓励自由竞争与反不正当竞争相结合原则

市场经济的生机和活力来源于自由竞争。因此，经济法赋予各种市场竞争主体竞争的自由，鼓励市场主体之间相互竞争。但竞争自由必须是在法律允许范围内的自由，不能为所欲为，不择手段。经济法维护在公平、公正、公开基础上的竞争，制止一切可能妨碍竞争、限制竞争的不正当竞争行为。

（四）经济效率与经济公平相统一原则

经济公平是指任何一个法律关系的主体，在以一定的物质利益为目标的活动中，都能够在同等的法律条件下，实现建立在价值规律基础之上的利益平衡。经济效率是指经济产出和经

济投入的比例，包括社会经济效益和企业经济效益。经济活动的目标是追求经济利益的最大化，但是为了维护社会的稳定，在注重效率的同时，必须维护公平。因此，经济法坚持促进效率与维护公平相统一的原则，既不能一味追求效率而忽视公平，也不能片面强调公平而影响效率，力争借助法律手段使整个社会活动在公平与效益方面最大限度地统一起来。

二、消费者权益保护法

消费者是指为生活需要而购买、使用商品或者接受服务的单位和个人。消费者权益是指消费者依法享有的权利及应得利益。

消费者权益保护法是国家调整在保护消费者权益过程中发生的经济关系的法律规范的总称。1993年10月31日第八届全国人民代表大会常务委员会第四次会议通过了《中华人民共和国消费者权益保护法》。

（一）消费者的权利

根据我国《消费者权益保护法》的规定，我国消费者主要享有以下权利：人身、财产的安全权；知悉权；自主选择权；公平交易权；获得赔偿权；结社权；知识获得权；人格尊严、民族风俗习惯维护权；监督权；批评、建议、检举、控告权等。

（二）经营者应当履行的义务

经营者的义务如下。

（1）向消费者提供商品或服务，履行法定或约定的义务。

（2）听取消费者对其提供的商品或者服务的意见，接受消费者的监督。

（3）保证其提供的商品或服务符合保障人身、财产安全的要求。

（4）向消费者提供有关商品或服务的真实信息，明码标价，不作引人误解的虚假宣传。

（5）标明经营者真实名称和标记。

（6）向消费者出具购货凭证或者服务单据。

（7）保证商品或服务的质量。

（8）履行法定或约定的修理、更换、退货服务和损害赔偿责任。

（9）不得以格式合同、通知、声明、店堂告示等方式作出对消费者不公平、不合理的规定，或者减轻、免除其损害消费者合法权益应当承担的民事责任。

（10）不得对消费者进行侮辱、诽谤，不得搜查消费者的身体及携带的物品，不得侵犯消费者的人身自由。

（三）消费者权益的保护

（1）国家对消费者权益的保护。国家通过各种方式和有关机关的活动，保护消费者的权益。

（2）消费者组织的保护。消费者和其他消费者组织是依法成立的对商品和服务进行社会监督的，保护消费者合法权益的社会团体。

（3）社会监督和舆论监督。保护消费者的合法权益是全社会的共同责任。大众传播媒介应做好维护消费者合法权益的宣传，对损害消费者合法权益的行为进行舆论监督。

（四）争议的解决

消费者与经营者之间发生消费者权益争议时，可通过下列途径解决：①与经营者协商和解；②请求消费者协会调解；③向有关行政部门（工商行政管理部门，物价管理部门，标准、计量部门等）提出申诉；④根据与经营者达成的仲裁协议提请仲裁机构仲裁；⑤向人民法院提起诉讼。

三、税法

（一）税收的概念与特征

税收是国家为了实现其职能，凭借国家权力，无偿向纳税人征收货币或实物，参与国民收入分配和再分配的一种形式。税收具有强制性、无偿性和固定性的特征。

税收具有重要作用，它是国家组织财政收入的主要和固定来源；它是调节社会经济活动，均衡分配，正确处理国家、集体、个人三者经济利益关系的重要手段。税收能够在一定程度上调节社会成员的收入差距。税收还是国家调控宏观经济的杠杆，国家通过税种、税目、税率的设置与调整，调整产业结构，达到社会总需求和总供给的基本平衡。国家通过税收征管活动，保护合法经营，促进企业在公平税负的基础上展开竞争，制裁越权减免税、欠税、偷税、抗税等不法行为。

（二）税法的概念与构成要素

税法是国家调整税务机关与纳税人之间产生的税收征纳关系的法律规范的总称。我国目前调整税收关系的法律规范主要有：《中华人民共和国个人所得税法》《中华人民共和国外商投资企业和外国企业所得税法》《中华人民共和国税收征收管理法》《中华人民共和国海关法》《中华人民共和国企业所得税暂行条例》《中华人民共和国增值税暂行条例》《中华人民共和国消费税暂行条例》《中华人民共和国营业税暂行条例》《中华人民共和国资源税暂行条例》《中华人民共和国土地增值税暂行条例》《中华人民共和国城镇土地使用税暂行条例》《中华人民共和国城市维护建设税条例》等。

税法的构成要素主要有：①纳税主体，又称纳税人或纳税义务人；②征税对象，又称征税客体或计税依据；③税种、税目，税种即税收的种类，税目是指各税种中具体规定的应纳税的项目；④税率，是指纳税额占征税对象数额的比例；⑤纳税环节，是指应纳税的产品在其整个流转过程中，税法规定应缴税款的环节；⑥纳税期限，是指税法规定纳税人缴纳税款的具体时限；⑦减税免税，是指税法对同一税中特定的纳税人或征税对象给予减轻或者免除其税负的一种优惠规定；⑧违章处理。

（三）我国现行税收种类

1. 流转税

流转税是以流转额为征税对象，选择其在流转过程中的特定环节加以征收的税。流转额包括商品销售收入额，各种劳务、服务的业务收入额。计税依据是商品的价格和服务收费。

流转税主要包括增值税、消费税、营业税、关税和土地增值税等。

2. 所得税

所得税又称收益税，是以纳税人的纯收益为征收对象的一种税。所得税主要包括企业所得税、外商投资企业和外国企业所得税、个人所得税等。

有下列情形之一的纳税人，经批准可以减征个人所得税：①残疾、孤老人员和烈属的所得；②因严重自然灾害造成重大损失的；③其他经国务院财政部门批准减税的。

下列各项个人所得，免征个人所得税：①省级人民政府、国务院部委和中国人民解放军军以上单位，以及外国组织、国际组织颁发的科学、教育、技术、文化、卫生、体育、环境保护等方面的奖金；②国债和国家发行的金融债券利息；③按照国家统一规定的补贴、津贴；④福利费、抚恤费、救济金；⑤保险赔款；⑥军人的转业费、复员费；⑦按照国家统一规定发给干部、职工的安家费、退职费、退休工资、离休工资、离休生活补助；⑧依照我国有关法律规定应予免税的各国驻华使馆、领事馆的外交代表、领事官员和其他人员所得；⑨中国政府参加的国际公约、签订的协议中规定免税的所得；⑩经国务院财政部门批准免税的所得。

3. 财产税

财产税是指以纳税人拥有或支配的应税财产的数量或价值额为征税对象的一种税。主要包括房产税和契税等。

4. 资源税

资源税是指对开发、使用我国资源的单位和个人征收的一种税。主要包括资源税、土地使用税和耕地占用税等。

5. 行为税

行为税是指对某些法定行为征收的一种税。主要包括固定资产投资方向调节税、印花税、车船使用税和屠宰税等。

第四节　我国的刑事法律制度

刑事法律制度是我国重要的法律规范之一，是关于犯罪及其刑罚的法律，在一个国家的法律体系中具有非常重要的地位。通过学习，有助于了解我国刑法的相关规定，熟悉我国刑法的原则和适用范围，正确区分罪与非罪，熟悉我国刑罚、犯罪的种类，有助于提高运用所学的知识处理简单刑事案件的能力。

一、刑法的概念和原则

（一）刑法的概念

刑法是掌握政权的统治阶级，为了本阶级政治上的统治和经济上的利益，根据自己的意志，规定哪些行为是犯罪和应负刑事责任，并给犯罪人以何种刑罚处罚的法律。刑法有广义和狭义之分。狭义的刑法仅指把规定犯罪与刑罚的一般原则和各种具体犯罪与刑罚的法律规定加以条理化和系统化的刑法典。广义的刑法是指一切规定犯罪、刑事责任和刑罚的法律规范的总和，它包括刑法典、单行刑事法律及非刑事法律中的刑事责任条款。我国现行刑法典是 1997 年 3 月 14 日第八届全国人大常委会第五次会议审议修订的《中华人民共和国刑法》（以下简称《刑法》）。这部新刑法共有总则、分则和附则三个部分，分

15 章，计 452 条，自 1997 年 10 月 1 日起施行。

（二）刑法的基本原则

刑法的基本原则是贯穿于刑法的制定和实施的全过程、指导和制约全部刑事立法和刑事司法活动的根本性准则。我国重新修订的刑法典明确规定了以下 3 项基本原则。

（1）罪刑法定原则。罪刑法定原则是指什么行为构成犯罪、构成什么罪及处何种刑罚，均由法律明文规定。

（2）刑法面前人人平等原则。该原则是宪法所确立的法律面前人人平等原则在刑法中的具体体现。任何人犯罪，都应当受到法律的追究；对于一切犯罪行为，不论犯罪人的社会地位、家庭出身、职业状况、财产状况、政治面貌、才能业绩如何，都一律平等地适用刑法。任何人受到犯罪侵害，都应当依法追究犯罪、保护被害人的权益。

（3）罪责刑相适用原则。罪责刑相适用，也称为罪刑相适应、罪刑相当、罪刑相称或罪刑均衡。其基本含义是：犯多大的罪，就应承担多大的刑事责任，法院就应判处其相应轻重的刑罚，做到重罪重罚，轻罪轻罚，罪刑相称；罪轻罪重，应当考虑行为人的犯罪行为本身和其他各种影响刑事责任大小的因素。

二、犯罪

我国《刑法》第 13 条规定："一切危害国家主权、领土完整和安全，分裂国家、颠覆人民民主专政的政权和推翻社会主义制度，破坏社会秩序和经济秩序，侵犯国有财产或者劳动群众集体所有的财产，侵犯公民私人所有的财产，侵犯公民的人身权利、民主权利和其他权利，以及其他危害社会的行为，依照法律应当受刑罚处罚的，都是犯罪，但是情节显著轻微危害不大的，不认为是犯罪。"该条规定，是对我国犯罪概念进行的科学概括。简单地说，犯罪是具有社会危害性、刑事违法性与应受刑罚处罚性的行为。

（一）犯罪的构成

犯罪构成即犯罪成立的一般条件，是指刑法规定的，说明行为的社会危害性及其程度，而为成立犯罪所必须具备的主客观要件的统一体。其中的"要件"，是指必要条件。根据刑法理论的通说，任何犯罪的成立，都必须具备犯罪客体要件、犯罪客观要件、犯罪主体要件与犯罪主观要件。

犯罪主体，指实施了危害社会的行为、依法应当承担刑事责任的自然人和单位；犯罪主观方面，指犯罪主体对自己实施的危害行为及其危害社会的结果所持有的心理态度，它包括犯罪故意和犯罪过失等；犯罪客体，指我国刑法所保护的而为犯罪行为所危害的社会关系；犯罪客观方面，指刑法规定的构成犯罪在客观上需要具备的诸种要件的总称，具体表现为危害行为、危害结果等。

（二）犯罪停止形态

犯罪的停止形态，是指故意犯罪在其发生、发展和完成犯罪的过程及阶段中，因主客观原因而停止下来的各种犯罪状态，包括既遂、预备、未遂、中止形态。

（1）犯罪既遂形态。是故意犯罪的完成形态，是指行为人所故意实施的行为已经具备了某种犯罪构成的全部要件。对于既遂犯，我国刑法要求根据其所犯之罪，在刑法总则一般原则的指导基础上，直接按照刑法分则具体犯罪条文规定的法定刑幅度予以刑罚处罚。

（2）犯罪预备形态。是故意犯罪过程中未完成犯罪的一种停止状态，是指行为人为实施犯罪而开始创造条件的行为，由于行为人意志以外的原因而未能着手犯罪实行行为的犯罪停止形态。

（3）犯罪未遂形态。是指行为人已经着手实施具体犯罪构成的实行行为，由于其意志以外的原因而未能完成犯罪的一种犯罪停止形态。

（4）犯罪中止形态。是指在犯罪过程中，行为人自动放弃犯罪或者自动有效地防止犯罪结果发生，而未完成犯罪的一种犯罪停止形态。犯罪中止形态有两种类型：即自动放弃犯罪的犯罪中止、自动有效地防止犯罪结果发生的犯罪中止。

（三）共同犯罪

共同犯罪是故意犯罪的一种特殊形态，按照我国刑法规定：共同犯罪是指两人以上共同故意犯罪。

共同犯罪的成立要件是：①主体要件，即共同犯罪的主体，必须是两个以上达到了刑事责任年龄、具有刑事责任能力的人。②客观要件，即共同犯罪的成立必须是两个以上的人具有共同犯罪的行为。③主观要件，是指共同犯罪的成立必须是两个以上的行为人具有共同犯罪故意。所谓"共同犯罪故意"，是指各行为人通过意思的传递、反馈而形成的，明知自己是和他人配合共同实施犯罪，并且明知自己的犯罪行为会发生某种危害社会的结果，而希望或者放任这种危害结果发生的心理态度。

在共同犯罪中，主犯，是指组织、领导犯罪集团进行犯罪活动或者在共同犯罪中起主要作用的犯罪分子。从犯，是指在共同犯罪中起次要作用或者辅助作用的犯罪分子。胁从犯，是指被胁迫参加犯罪的人。教唆犯，是指故意唆使他人实施犯罪的人。

（四）排除犯罪的事由

一些行为，表面上符合犯罪的客观要件，实质上却保护了法益，为刑法所允许。这类行为称为排除犯罪的事由。我国刑法明文规定了正当防卫与紧急避险两种情形。

1. 正当防卫

为了使国家、公共利益、本人或者他人的人身、财产和其他权利免受正在进行的不法侵害，而采取的制止不法侵害的行为，对不法侵害人造成损害的，属于正当防卫，不负刑事责任。正当防卫分为一般正当防卫与特殊正当防卫。

一般正当防卫必须具备以下条件。

第一，必须存在现实的不法侵害行为。不法侵害行为既包括犯罪行为，也包括其他违法行为，但必须是具有攻击性、破坏性、紧迫性的行为。

第二，不法侵害必须正在进行，即不法侵害已经开始且尚未结束。对于尚未开始或者已经结束的行为实施的所谓"防卫行为"，属于防卫不适时，成立故意犯罪或者过失犯罪。

第三，必须针对不法侵害本人进行防卫，不能对第三者造成损害。防卫行为本身通常表现为造成不法侵害者伤亡，或者造成其他损害。

第四，必须没有明显超过必要限度造成重大损害，即防卫行为必须尽可能控制在保护法益所需要的范围之内。正当防卫明显超过必要限度造成重大损害的，属于防卫过当，应当负刑事责任，但是应当减轻或者免除处罚。

刑法还规定了特殊正当防卫：对于正在进行行凶、杀人、抢劫、强奸、绑架以及其他严重危及人身安全的暴力犯罪，采取防卫行为，造成不法侵害人伤亡的，不属于防卫过当，不负刑事责任。据此，对严重危及人身安全的暴力犯罪进行正当防卫的，不存在防卫过当问题。但应注意的是，特殊正当防卫，仍然以暴力犯罪正在进行为条件。对于尚未开始或者已经结束的暴力犯罪，不得进行防卫。

2. 紧急避险

为了使国家、公共利益、本人或者他人的人身、财产和其他权利免受正在发生的危险，不得已损害另一较小法益的行为，属于紧急避险，不负刑事责任。分洪是最为典型的紧急避险。紧急避险必须符合以下条件。

第一，法益处于客观存在的危险的威胁之中；

第二，危险必须已经发生或迫在眉睫并且尚未消除；

第三，必须出于不得已而损害另一合法权益；

第四，没有超过必要限度造成不应有的损害。

紧急避险行为超过必要限度造成不应有的损害的，应当负刑事责任，但是应当减轻或者免除处罚。此外，关于避免本人危险的规定，不适用于职务上、业务上负有特定责任的人。例如，警察面临不法侵害时，不能实施紧急避险行为。

三、刑罚制度

刑罚是刑法规定的由国家审判机关依法对犯罪分子所适用的限制或剥夺其某种权利的最严厉的强制性法律制裁方法，刑罚是一种最严厉的法律制裁措施；只适用于触犯刑法构成犯罪的人；只能由国家刑事审判机关依照法定程序适用。

（一）刑罚的体系

刑罚体系（或刑罚的体系），是指国家的刑事立法以有利于发挥刑罚的积极功能、实现刑罚目的为指导原则，选择刑种、实行分类并依其轻重程度排成的序列。我国的刑种是在总结了长期以来各种刑事立法规定的刑罚种类及其运用经验的基础上选择确定的。根据刑法的规定，刑罚分为主刑与附加刑，主刑有管制、拘役、有期徒刑、无期徒刑与死刑；附加刑有罚金、剥夺政治权利、没收财产与驱逐出境。主刑与附加刑又是分别按照严厉程度由轻到重进行排列。

1. 主刑

主刑是对犯罪分子适用的主要的刑罚方法。它的特点是只能独立适用，不能附加适用。对于一个犯罪，只能适用一个主刑。主刑包括管制、拘役、有期徒刑、无期徒刑、死刑五种刑罚方法。

①管制是指对犯罪分子不予关押，但限制其一定自由，由

公安机关予以执行的刑罚方法。管制的期限为 3 个月以上 2 年以下，数罪并罚最高不能超过 3 年。

②拘役是短期剥夺犯罪分子的人身自由，就近执行并实行劳动改造的刑罚方法。拘役的期限为 1 个月以上 6 个月以下，数罪并罚最高不能超过 1 年。

③有期徒刑是剥夺犯罪分子一定期限的人身自由，强制其参加劳动并接受教育改造的刑罚方法，是我国适用最广泛的一种刑罚方法。有期徒刑的刑期为 6 个月以上 15 年以下，死缓减为有期徒刑或数罪并罚时最高不能超过 20 年。

④无期徒刑是剥夺犯罪分子的终身自由，强制其参加劳动并接受教育改造的刑罚方法。无期徒刑适用于罪行严重、社会危害性及人身危险性均比较大的犯罪分子。

⑤死刑是剥夺犯罪分子生命的刑罚方法。我国对死刑的适用有严格的限制：死刑只适用于罪行极其严重的犯罪分子；犯罪的时候不满 18 周岁的人不适用死刑，审判的时候怀孕的妇女不适用死刑。死刑除依法由最高人民法院判决的以外，都应当报请最高人民法院核准。死刑缓期执行的，可以由高级人民法院判决或者核准。对于应当判处死刑的犯罪分子，如果不是必须立即执行的，可以判处死刑同时宣告缓期 2 年执行。

2. 附加刑

附加刑又称从刑，是补充主刑适用的刑罚方法，它的特点是既能独立适用，又能附加适用。附加刑包括罚金、剥夺政治权利、没收财产。

①罚金。罚金是人民法院判处犯罪分子向国家缴纳一定金钱的刑罚方法，属于财产刑。罚金不同于行政罚款：罚金是刑罚方法，罚款是行政处罚；罚金适用于触犯刑律的犯罪分子和犯罪的单位，罚款适用于一般违法分子和违法的单位；罚金只能由人民法院依照刑法的规定适用，罚款则由公安机关和海关、税务、工商行政管理等有关部门，依照有关法规的规定

适用。

②剥夺政治权利。剥夺政治权利是剥夺犯罪分子参加国家管理与政治活动权利的刑罚方法，属于资格刑。剥夺政治权利的内容包括：选举权和被选举权；言论、出版、集会、结社、游行、示威自由的权利；担任国家机关职务的权利；担任国有公司、企业、事业单位和人民团体领导职务的权利。

③没收财产。没收财产是指将犯罪分子个人所有财产的一部分或全部强制无偿地收归国有的刑罚方法。没收财产只限于没收犯罪分子个人所有的财产，对于犯罪分子家属所有的财产不得没收。没收全部财产的，应当对犯罪分子个人及其抚养的家属保留必要的生活费。

（二）刑罚裁量制度

刑罚裁量也称为量刑，它是指人民法院在定罪的基础上，根据行为人的犯罪事实与法律有关规定，依法决定对犯罪人是否判处刑罚、判处何种刑罚，以及判处多重刑罚，并决定对犯罪人所判刑罚是否立即执行的司法审判活动。刑罚裁量必须以犯罪事实为依据，以刑事法律为准绳。

累犯是指因犯罪而受过一定的刑罚处罚，在刑罚执行完毕或者赦免以后，在法定期限内又犯一定之罪的情况。对于累犯，应当从重处罚，但过失犯罪除外。自首是指犯罪分子犯罪以后自动投案，如实供述自己的罪行的行为，或者被采取强制措施的犯罪嫌疑人、被告人和正在服刑的罪犯，如实供述司法机关还未掌握的本人其他罪行的行为。对于自首的犯罪分子，可以从轻或者减轻处罚；其中，犯罪较轻的，可以免除处罚。立功是指犯罪分子揭发他人犯罪行为，查证属实，或者提供重要线索，从而得以侦破其他案件等行为，分为一般立功和重大立功。犯罪人有立功表现的，可以从轻或减轻处罚；有重大立功表现的，可以减轻或免除处罚；犯罪后自首又有重大立功表现的，应当减轻或免除处罚。数罪并罚，是指人民法院对一人犯数罪分别定罪量刑，并根据法定原则与方法，决定应当执行的刑罚。缓刑是指人民法院对判处拘役、3 年以下有期徒刑的犯罪分子，根据其犯罪情节及悔罪表现，认为暂缓执行原判刑罚，确实不致再危害社会的，规定一定的考验期，暂缓其刑罚的执行；在考验期内，如果符合法定条件，原判刑罚就不再执行的一项制度。

此外，我国《刑法》还对减刑、假释等刑罚执行制度作出了规定。

（三）我国刑法规定的具体犯罪种类

我国刑法分则是关于具体犯罪及其刑事责任的规定，根据同类客体的不同，把犯罪共分为 10 类：危害国家安全罪、危害公共安全罪、破坏社会主义市场经济秩序罪、侵犯公民人身权利、民主权利罪、侵犯财产罪、妨害社会管理秩序罪、危害国防利益罪、贪污贿赂罪、渎职罪和军人违反职责罪。每一类犯罪又规定了若干具体的犯罪。

第一，危害国家安全罪。是指故意危害中华人民共和国的主权、领土完整与安全，分裂国家，颠覆国家政权，推翻社会主义制度的行为。

第二，危害公共安全罪。是指故意或者过失地实施危害不特定多数人的生命、健康、重大公私财产或者公共生活安全的行为。

第三，破坏社会主义市场经济秩序罪。是指违反国家经济管理法律、法规，破坏社会主义市场经济秩序，严重危害市场经济发展的行为。

第四，侵犯公民人身权利、民主权利罪。是指故意或者过失侵犯公民人身及其他与公民人身自由直接有关的权利，以及非法剥夺或者妨害公民自由地行使依法享有的管理国家事务和参加政治活动的权利及其他民主权利的行为。

第五，侵犯财产罪。是指故意非法占有、挪用、毁坏公私财物的行为。

第六，妨害社会管理秩序罪。是指故意妨害国家机关对社会的管理活动，破坏社会秩序，情节严重的行为。

第七，危害国防利益罪。是指危害作战或者军事行动，危害国防基础设施和国防活动，妨害国防管理秩序，拒绝或者逃避履行国防义务的行为。

第八，贪污贿赂罪。是指国家工作人员利用职务上的便利，贪污、挪用、私分公共财物，索取收受贿赂，或者以国家工作人员、国有单位为对象进行贿赂，损害国家工作人员公务行为的廉洁性的行为。

第九，渎职罪。是指国家机关工作人员滥用职权、玩忽职守或者徇私舞弊，妨害国家管理活动，致使公共财产、国家和人民利益遭受重大损失的行为。

第十，军人违反职责罪。是指军人违反职责，危害国家军事利益，依照法律应当受刑罚处罚的行为。

第三章　我国的程序法律制度

　　程序法：是保障实体法所规定的权利义务关系的实现而制定的诉讼程序的法律，又称诉讼法。程序法是正确实施实体法的保障。

第一节　我国的民事诉讼法律制度

　　民事诉讼，是指人民法院在双方当事人和其他诉讼参加人参加下，审理和解决民事案件的活动。它的特点是：①人民法院的审判活动在全过程起着主导作用；②参加诉讼的双方当事人的法律地位是平等的；③审理和解决的是有关财产关系和人身关系的民事案件。

　　民事诉讼法，是规定人民法院和诉讼参加人在审理民事案件中进行各种诉讼活动所应遵循的程序制度的法律规范的总称。我国于 1982 年 3 月 8 日第五届全国人大常委会第二十二次会议通过颁布了《民事诉讼法（试行）》，同年 10 月 1 日起试行。经过 9 年的试行，于 1991 年 4 月 9 日第七届全国人大第四次会议通过修改后的《民事诉讼法》，并于同日公布施行。

一、主管与管辖

（一）主管

　　主管是指人民法院与其他国家机关、社会团体之间解决民事纠纷的分工和权限。民事诉讼法是保证民法实施的程序法，所以法律将民事法律关系发生的争议作为法院民事诉讼主管的对象。根据《中华人民共和国民法通则》第 3 条规定，人民法院受理公民之间、法人之间、其他社会组织之间以及它们相互之间因财产关系和人身关系提起的民事诉讼，适用本法的规定。

（二）管辖

管辖，是指各级人民法院或同级人民法院受理第一审民事纠纷案件的权限分工。主要包括以下几种：级别管辖，是指上下级人民法院之间受理第一审民事案件的分工权限。它解决人民法院内部的纵向分工。我国实行"四级两审"制，共有四级人民法院，每一级人民法院都受理第一审民事案件。地域管辖，是指同级人民法院之间受理第一审民事案件的权限分工，它主要解决法院内部的横向分工问题。地域管辖又分为一般地域管辖和特殊地域管辖。专属管辖，是指法律规定某些特殊类型的案件专门由特定法院管辖。裁定管辖，是指法院以裁定的方式确定诉讼的管辖。民事诉讼法规定的裁定管辖有三种，即移送管辖、指定管辖和管辖权的转移。

二、民事诉讼当事人与代理人

民事诉讼当事人，是指因民事权利义务发生争议，以自己的名义进行诉讼，要求法院行使民事裁判权的人。狭义上的当事人，仅指原告和被告。广义上的当事人，还包括共同诉讼人、第三人。原告，是指为维护自己或自己所管理的他人的民事权益，而以自己名义向法院起诉，从而引起民事诉讼程序发生的人。被告，是指被原告诉称侵犯原告民事权益或与原告发生民事争议，而由法院通知应诉的人。共同诉讼，是指当事人一方或双方为两人以上的诉讼。原告为两人或两人以上的称共同原告；被告为两人或两人以上的称为共同被告。

共同原告和共同被告都叫做共同诉讼人。民事诉讼的第三人，是指对原告和被告所争议的诉讼标的有独立的请求权，或者虽然没有独立的请求权，但与案件的处理结果有法律上的利害关系，而参加到正在进行的诉讼中去的人。诉讼代理人，是指根据法律规定或当事人的委托，代当事人进行民事诉讼活动的人。

民事诉讼代理人包括法定诉讼代理人和委托诉讼代理人两类。

三、民事诉讼程序

（一）审判程序

人民法院审理民事纠纷案件，除简单的民事纠纷案件外，都适用第一审普通程序。主要包括：起诉与受理、审理前的准备、开庭审理、宣判等。简易程序，是简化了的普通程序，是基层人民法院及其派出法庭审理简单民事案件所运用的一种独立的简便易行的诉讼程序。第二审程序，是指当事人不服第一审裁判，在上诉期内提出上诉，由上一级人民法院对案件进行审理的程序。上诉必须在法定的上诉期限内提出。审判监督程序，即再审程序，是指人民法院发现已经发生法律效力的判决或裁定确有错误，对案件依法重新审理并作出裁判的一种特殊程序。

（二）民事诉讼的特别程序

特别程序是法院对非民事权益冲突案件的审理程序。特别程序的适用范围包括：选民名单案件；宣告失踪人死亡案件；认定公民无行为能力或者限制行为能力的案件；认定财产无主案件。督促程序是指人民法院根据债权人要求债务人给付金钱或者有价证券的申请，向债务人发出有条件的支付命令，若债务人逾期不履行，人民法院可强制执行的程序。督促程序的适用范围包括：在债权债务关系清楚，并要求给付金钱和有价证券的案件；债权人与债务人没有其他债务纠纷；支付令能够送达债务人。公示催告程序是指人民法院根据当事人的申请，以告示的方法，催告利害关系人，在法定期间内申报权利，到期未申报权利，人民法院根据票据持有人的申请可依法宣告该票据无效的程序。企业法人破产还债程序是指人民法院根据债权人或债务人的申请，对因严重亏损，无力清偿到期债务的企业法人，宣告破产，进行清产还债的法律程序。

（三）执行程序

执行程序是指人民法院根据一方当事人的申请或依职权采取法定措施，强制不履行义务的一方当事人履行已经发生法律效力的民事判决、裁定、调解书及其他法律文书的程序。执行开始有两种情况，一是申请执行，二是移送执行。申请执行是指依据生效法律文书享有权利的一方当事人，在义务人拒绝履行义务时，向人民法院申请强制执行的行为。申请执行必须具备以下条件：申请人必须是生效法律文书中权利一方；申请执行的期限，双方或一方当事人是公民个人的为一年，双方是法人或其他社会组织的为六个月；必须向有管辖权的人民法院递交申请执行书。移送执行是指由案件的审判人员直接将案件交付执行人员执行。移送执行主要适用于以下几类案件：判决、裁定具有给付赡养费、抚养费、抚育费等内容的案件；具有财产给付内容的刑事判决书、裁定书；审判人员认为涉及国家、集体或公民重大利益的案件。

第二节　我国的行政诉讼法律制度

行政诉讼，是指人民法院根据公民、法人和其他组织的请求，依法审理和解决行政案件的活动。它的特点是：①它由行政管理活动中的被管理者公民、法人或其他组织提起。②被告只能是作出某一具体行政行为的特定的行政机关，而不能是任何行政机关。③它是被管理者认为某一具体行政行为致使其合法权益受到了侵犯而请求司法保护的诉讼。④它以行政机关的某一具体行政行为是否合法为裁判对象。

行政诉讼法，是规定人民法院在当事人及其他诉讼参加人参加下审理行政案件中进行各种诉讼活动所应遵循的程序制度的法律规范总称。

一、行政诉讼的受案范围和管辖

我国行政诉讼的受案范围和管辖是既有联系又有区别的联系概念。受案范围是管辖的前提和基础，管辖是受案范围的具体化和落实。

（一）行政诉讼的受案范围

行政诉讼的受案范围，是指法律所规定的人民法院所受理的行政案件的范围，或者说是人民法院解决行政争议的范围和权限。我国行政诉讼法规定的人民法院应当予以受理的行政案件有：行政处罚案件；行政强制措施案件；侵犯法律规定的经营自主权案件；行政许可案件；不履行法定职责案件；抚恤金案件；违法要求履行义务案件；其他侵犯人身权、财产权案件；法律、法规规定可以起诉的其他行政案件。人民法院不受理的案件有：国防、外交等国家行为；行政法规、规章或者行政机关制定、发布的具有普遍约束力的决定、命令；行政机关对行政工作人员的奖惩、任免等决定；法律规定由行政机关最终裁决的具体行政行为。

（二）行政诉讼的管辖

行政诉讼的管辖是指关于不同级别和地方的人民法院之间受理第一审行政案件的权限分工，是涉及行政审判组织体系、公民诉权保护、宪政分权体制等基本问题的重要诉讼法律制度。行政诉讼管辖的种类包括级别管辖、地域管辖和裁定管辖。级别管辖是不同审级的人民法院之间审理第一审行政案件的权限划分。地域管辖是同级人民法院之间受理第一审行政案件的权限分工。行政案件原则上由最初做出具体行政行为的行政机关所在地人民法院管辖。对于经过行政复议的行政案件、限制人身自由强制措施的行政案件以及涉及不动产行政案件的管辖，法律作出了特殊规定。

二、行政诉讼程序

（一）起诉与受理

起诉是指公民、法人或者其他组织认为行政机关的具体行政行为侵犯其合法权益，依法请求人民法院行使国家审判权给予救济的诉讼行为。提起行政诉讼应符合以下条件：原告是认为具体行政行为侵犯其合法权益的公民、法人或者其他组织；有明确的被告；有具体的诉讼请求和事实根据；属于人民法院能受案范围和受诉人民法院管辖。受理是指人民法院对起诉人的起诉进行审查，对符合法定条件的起诉决定立案审理，从而引起诉讼程序开始的职权行为。经过审理，认为起诉缺乏充分理由的，应当裁定不予受理。起诉人对裁定不服的，可以提起上诉。

（二）行政诉讼的第一审程序

行政诉讼第一审程序，是指人民法院对行政案件进行初次审理的全部诉讼程序，是行政审判的基础程序，具体包括审理前的准备和庭审。审理前的准备，主要包括组成合议庭、交换诉状、处理管辖异议、审查诉讼文书和调查搜集证据、审查其他内容。庭审是受诉人民法院在双方当事人及其他诉讼参与人的参加下，依照法定程序，在法庭上对行政案件进行审理的诉讼活动。根据行政诉讼法的规定，行政诉讼第一审程序必须进行开庭审理。一般的庭审程序分为六个阶段：开庭准备、开庭审理、法庭调查、法庭辩论、合议庭评议、宣读判决。人民法院审理第一审行政案件，应当自立案之日起 3 个月内作出判决。

（三）行政诉讼的第二审程序

行政诉讼的第二审程序与民事诉讼的第二审程序相似。二审法院审理上诉行政案件后，根据不同情况，可以作出维持判决和依法改判两种类型的判决和发回重审的裁定。

（四）审判监督程序

审判监督程序是人民法院发现已经发生法律效力的判决、裁定违反法律、法规，依法对案件再次进行审理的程序。它不是必须经过的审理程序，不具有审级的性质。审判监督程序包括再审程序和提审程序。

再审程序是指人民法院为了纠正已经发生法律效力的判决、裁定的错误，依照审判监督程序对案件再次进行审判的活动。再审分为自行再审和指令再审。提审程序是指上级人民法院按照审判监督程序对下级人民法院裁判已经生效的行政案件进行审理的活动。

审判监督案件的审理分别适用第一、第二审程序：只经过第一审程序审结的案件，无论是自行再审或指令再审，仍适用第一审程序，作出的裁判是第一审裁判，当事人不服，可以提出上诉；凡经过第二审程序审结的案件，无论是自行再审或指令再审，只能适用第二审程序，所作裁判为终审判决，当事人不服不得上诉；凡是最高人民法院或上级人民法院按照审判监督程序提审的案件，应按第二审程序进行审理，所作裁判为终审裁判，当事人不得上诉。

（五）执行程序

行政案件的执行是指人民法院按照法定程序，对已经生效的法律文书，在负有义务的一方当事人拒不履行义务时，强制其履行义务，保证生效法律文书的内容得到实现的活动。

第三节　我国的刑事诉讼法律制度

刑事诉讼，是国家司法机关在当事人及其他诉讼参与人的参加下，依法揭露和证实犯罪，确定被告人的行为是否构成犯罪，并依法给犯罪人以应得惩罚的活动。

它的特点是：①刑事诉讼所要解决的中心问题，是被告人的行为是否构成犯罪和应当受到何种刑罚问题。②刑事诉讼是以公诉为主，自诉为辅。③追究和惩罚犯罪是通过国家公安司法机关的侦查、起诉和审判等活动来实现的，执行的是国家刑事审判权。

刑事诉讼法，是规定国家公安司法机关和诉讼参与人进行刑事诉讼所必须遵守的程序制度的法律规范总称。我国的《刑事诉讼法》，于1979年7月1日第五届全国人大第二次会议通过颁布，并于1980年1月1日起施行。1996年3月17日第八届全国人大第四次会议对该法进行了修正。

一、刑事诉讼中的专门机关和诉讼参与人

（一）刑事诉讼中的专门机关

刑事诉讼中的专门机关主要是指公安机关、人民检察院和人民法院。公安机关在刑事诉讼中的职权有立案权、侦查权、执行权。人民检察院代表国家行使检察权。人民检察院在刑事诉讼中的职权有：侦查权、公诉权、诉讼监督权。人民法院是国家的审判机关，代表国家行使审判权。未经人民法院依法判决，对任何人都不得确定有罪。人民法院是刑事诉讼中唯一有权审理和判决有罪的专门机关。

（二）刑事诉讼中的诉讼参与人

刑事诉讼参与人是指在刑事诉讼过程中享有一定诉讼权利，承担一定诉讼义务的除国家专门机关工作人员以外的人。根据刑事诉讼法的规定，诉讼参与人包括当事人、法定代理人、诉讼代理人、辩护人、证人、鉴定人和翻译人员。当事人是指与案件事实和诉讼结果有切身利害关系，在诉讼中分别处于控诉或辩护地位的主要诉讼参与人，是主要诉讼主体，包括：被害人、自诉人、犯罪嫌疑人、被告人、附带民事诉讼当

事人。其他诉讼参与人，指除当事人以外的诉讼参与人。包括法定代理人、诉讼代理人、辩护人、证人、鉴定人和翻译人员。他们在诉讼中是一般的诉讼主体，具有与其诉讼地位相应的诉讼权利和义务。

二、刑事诉讼的管辖、回避、辩护和代理

刑事诉讼的管辖，是指公安机关、检察机关和审判机关等在直接受理刑事案件上的权限划分以及审判机关系统内部在审理第一审刑事案件上的权限划分。刑事诉讼的管辖分立案管辖和审判管辖两大类。立案管辖是指公安机关、人民检察院和人民法院在直接受理刑事案件上的分工。刑事案件的侦查由公安机关进行，法律另有规定的除外。

人民检察院直接受理的案件包括以下几种：贪污贿赂案件；国家工作人员的渎职犯罪；国家机关工作人员利用职权实施的侵犯公民人身权利和民主权利的犯罪；其他由人民检察院直接受理的案件。人民法院直接受理的案件：自诉案件。自诉案件是被害人及其法定代理人或者近亲属，为追究被告人的刑事责任，而直接向人民法院提起诉讼的案件。审判管辖分为级别管辖、地区管辖和专门管辖。级别管辖是指各级人民法院对第一审刑事案件审判权限上的分工；地区管辖是指同级人民法院之间在审理第一审刑事案件上的分工。《中华人民共和国刑事诉讼法》规定，刑事案件由犯罪地人民法院管辖。如果由被告人居住地人民法院审判更为适宜的，可以由被告人居住地人民法院管辖；专门管辖是指各专门法院在审判第一审刑事案件权限上的分工。

我国目前建立的专门法院主要有军事法院、铁路运输法院等，有些专门性的案件由专门法院管辖。

刑事诉讼中的回避是指侦查人员、检察人员、审判人员等对案件有某种利害关系或者其他特殊关系，可能影响案件的公

正处理，不得参与办理本案的一项诉讼制度。刑事诉讼中的回避可以分为自行回避、申请回避、指定回避三种。

刑事诉讼中的辩护，是指犯罪嫌疑人、被告人及其辩护人针对指控而进行的论证犯罪嫌疑人、被告人无罪、罪轻、减轻或免除罪责的反驳和辩解，以维护其合法权益的诉讼行为。辩护可以分为自行辩护、委托辩护、指定辩护。自行辩护是指犯罪嫌疑人、被告人自己进行反驳、申辩和辩解的行为。委托辩护是指犯罪嫌疑人或被告人依法委托律师或其他公民协助其进行辩护。指定辩护是指司法机关为被告人指定辩护人以协助其行使辩护权，维护其合法权益。

刑事诉讼中的代理，是指代理人接受公诉案件的被害人及其法定代理人或者近亲属、自诉案件的自诉人及其法定代理人、附带民事诉讼的当事人及其法定代理人的委托，以被代理人名义参加诉讼活动，由被代理人承担代理行为法律后果的一项法律制度。

三、刑事诉讼证据、强制措施和附带民事诉讼

《中华人民共和国刑事诉讼法》规定，证明案件真实情况的一切事实，都是证据。刑事证据的种类包括：物证、书证；证人证言；被害人陈述；犯罪嫌疑人、被告人的供述和辩解；鉴定结论、勘验、检查笔录、视听资料。刑事诉讼中的强制措施，是指公安机关、人民检察院和人民法院为保证刑事诉讼的顺利进行，依法对犯罪嫌疑人、被告人的人身自由进行暂时限制或依法剥夺的各种强制性方法。根据我国刑事诉讼法的规定，强制措施有拘传、取保候审、监视居住、拘留和逮捕。刑事附带民事诉讼是指司法机关在刑事诉讼过程中，在解决被告人刑事责任的同时，附带解决因被告人的犯罪行为所造成的物质损失的赔偿问题而进行的诉讼活动。提起附带民事诉讼应具备以下条件：提起附带民事诉讼的原告人、法定代理人符合法

定条件；有明确的被告人；有请求赔偿的具体要求和事实根据；被害人的损失是由被告人的犯罪行为所造成的；属于人民法院受理附带民事诉讼的范围。附带民事诉讼，应当在刑事案件立案后，第一审判决宣告之前提起。

四、刑事诉讼程序

刑事诉讼程序可分为：立案、侦查和提起公诉程序；审判程序、执行程序。审判程序包括第一审程序、第二审程序、死刑复核程序、审判监督程序。公诉案件一般要经过立案、侦查、提起公诉、审判、执行五个阶段。

（一）立案

立案是指公安机关、人民检察院和人民法院对报案、控告、举报和犯罪嫌疑人自首的材料进行审查，根据事实和法律，认为有犯罪事实发生并需追究刑事责任时，决定作为刑事案件进行侦查或审判的诉讼活动。

我国的刑事诉讼程序是从立案开始的，立案是诉讼活动的开始和必经程序。根据刑事诉讼法的规定，立案包括三方面的内容：发现立案材料或对立案材料的接受；对立案材料的审查和处理；人民检察院对不立案的监督。立案阶段以上三个方面的内容相互衔接、相互联系，构成了立案程序的完整体系。

立案的条件是指立案的法定理由和根据。《刑事诉讼法》第86条规定："人民法院、人民检察院或者公安机关对于报案、控告、举报和自首的材料，应当按照管辖范围，迅速进行审查，认为有犯罪事实需要追究刑事责任的时候，应当立案；认为没有犯罪事实，或者犯罪事实显著轻微，不需要追究刑事责任的时候，不予立案，并且将不立案的原因通知控告人。控告人如果不服，可以申请复议。"根据这一规定，立案应同时具有两个条件：一是有犯罪事实发生；二是依法需要追究刑事责任。

（二）侦查

侦查是指公安机关、人民检察院及其他特定的机关在办理刑事案件过程中，依法进行的专门调查工作和有关的强制性措施。在我国，公安机关是行使侦查权的法定专门机关。此外，人民检察院对于贪污贿赂犯罪、渎职犯罪以及非法拘禁、刑讯逼供、报复陷害、非法搜查等侵犯公民人身权利和民主权利的犯罪，行使侦查权；国家安全机关对危害国家安全的案件行使侦查权；军队保卫部门对军队内部发生的刑事案件行使侦查权。除上述机关以外，任何机关、团体、企事业单位和个人都没有侦查权。

侦查的主要任务是：依照法定程序搜集证据材料，查清犯罪事实，查获犯罪嫌疑人，为起诉做好准备。侦查的主要内容和方式有：讯问犯罪嫌疑人；询问证人、被害人；勘验、检查；搜查；扣押物证、书证；鉴定；通缉。侦查机关在认为事实清楚，证据确实、充分，足以认定是否构成犯罪时，侦查即告终结。

侦查终结后，对于需要移送人民检察院审查起诉的案件，应写出起诉意见书，连同案卷材料、证据一并移送同级人民检察院审查决定。人民检察院对于自行侦查终结的案件，应当作出提起公诉、不起诉或者撤销案件的决定。

（三）提起公诉

审查起诉是指人民检察院在公诉阶段，为了确定经侦查终结的刑事案件是否应当提起公诉，而对侦查机关确认的犯罪事实和证据、犯罪性质和罪名进行审查核实，并作出处理决定的一项诉讼活动。我国《刑事诉讼法》第136条规定："凡需要提起公诉的案件，一律由人民检察院审查决定。"

人民检察院审查案件的时候必须查明：犯罪事实、情节是否清楚，证据是否确实、充分，犯罪性质和罪名认定是否正确；有无遗漏罪行和其他应当追究刑事责任的人；是否属于不应追究刑事责任的；有无附带民事诉讼；侦查活动是否合法。

提起公诉，即人民检察院代表国家依法提请人民法院对被告人进行审判的诉讼活动。我国《刑事诉讼法》第141条规定："人民检察院认为犯罪嫌疑人的犯罪事实已经查清，证据确实、充分，依法应当追究刑事责任的，应当作出起诉决定，按照审判管辖的规定，向人民法院提起公诉。"据此，提起公诉必须具备三个条件：犯罪事实已查清；证据确实、充分；依法应追究刑事责任。

（四）审判监督程序

审判监督程序又称再审程序，是指人民法院对已经生效的判决和裁定，发现其在认定事实和适用法律上确有错误，依法对案件重新审理、纠正错误判决和裁定的一种诉讼程序。审判监督程序不是必经程序，而是一定条件下才采用的特殊程序。

当事人及其法定代理人、近亲属，对已经发生法律效力的判决、裁定，可以向人民法院或者人民检察院提出申诉，其申诉符合《刑事诉讼法》第204条规定的情形之一的，人民法院应当重新审判。各级人民法院院长对本院已经发生法律效力的判决和裁定，如果发现在认定事实或适用法律上确有错误，必须提交审判委员会处理。最高人民法院对各级人民法院已经发生法律效力的判决和裁定，如果发现确有错误，有权提审或者指令下级人民法院再审。人民检察院发现人民法院已经发生法律效力的判决和裁定确有错误，有权按审判监督程序提出抗诉。

人民法院按照审判监督程序重新审判的案件，应当另行组成合议庭进行。如果原来是第一审案件，应当按照第一审程序进行审判，所作的判决、裁定，可以上诉、抗诉；如果原来是第二审案件，或者是上级人民法院提审的案件，应当按照第二审程序进行审判，所作的判决、裁定，是终审的判决、裁定。

（五）执行

执行是指法定执行机关将已经发生法律效力的判决和裁定付诸实施的诉讼活动。它是刑事诉讼的最后程序，只有通过执行程序，刑事诉讼法的任务才能最后完成。死刑判决，由人民法院交付司法警察或武装警察执行。审判人员负责指挥，检察人员临场监督。公安人员负责警戒。对于判处死刑缓期二年执行、无期徒刑、有期徒刑的罪犯，由公安机关依法将该罪犯送交监狱执行。对于被判处拘役、管制、剥夺政治权利的罪犯，以及暂予监外执行的罪犯都由公安机关执行。罚金和没收财产的判决由人民法院执行。

第四节　我国的仲裁和调解制度

一、仲裁

（一）仲裁的概念、种类

仲裁，是指当事人双方达成书面协议，将争议交由第三方居中裁断，以确定双方权利义务关系，解决纠纷的活动。

我国的仲裁活动包括四方面内容，即经济合同仲裁、劳动争议仲裁、国际贸易仲裁和海事仲裁。为了更好地适应市场经济体制建设的要求和进一步扩大对外开放，我国第八届全国人大常委会于1994年通过了《仲裁法》，该法于1995年9月1日起施行。

（二）仲裁的特点

与诉讼相比较，仲裁具有下列特点。

第一，仲裁机构是民间组织而非官方机构。我国的仲裁机构是加入中国仲裁协会的会员，会员由各地的仲裁委员会组成，是社会团体法人，是仲裁委员会的自律性组织。各地的仲裁委员会独立于行政机关，它们之间以及与行政机关之间无隶属关系。这种仲裁机构的组织形式可与国际仲裁制度接轨。

第二，仲裁的自愿性。仲裁的自愿性表现在以下方面：①双方当事人必须达成书面的协议，自愿选择以仲裁方式解决纠纷，并服从裁决，对于单方提出的仲裁申请，仲裁委员会不予受理；②由双方当事人自愿选择仲裁地的仲裁委员会；③由双方当事人自愿选择仲裁员组成仲裁庭；④对于双方当事人达成了仲裁协议，一方又向法院起诉的，法院不予受理。

第三，秘密性。仲裁一般不公开进行，如果当事人协议公开的，可以公开，但涉及国家秘密的除外。这种制度对于保护商业秘密和当事人其他不愿公开的事项有重要作用。而司法适用和行政适用则一般要公开进行。

第四，效率性。仲裁实行一审终局制，裁决书自作出之日起即发生法律效力，使仲裁案件结案快，效率高。由于仲裁的程序较简便，当事人付出的经费和时间可相应减少，故解决纠纷的成本较低。

第五，国际仲裁还具有国际性的效力。根据1958年联合国通过的《承认及执行外国仲裁裁决公约》（简称《纽约公约》）的规定，在国际商贸及运输、保险等合同中订有仲裁条款的，任何缔约国的法院均不得受理因该合同发生的纠纷案；各缔约国均相互承认和执行仲裁的裁决（我国于1987年加入该公约）。在没有其他国际条约规定的前提下，各国法院的判决不会直接得到相互承认和执行，而仲裁的国际性效力大于法院的判决，在缔约国之间，对国际仲裁则可互相承认和执行。

（三）仲裁的种类

（1）国内仲裁与涉外仲裁。国内仲裁所涉及的法律关系的主体、客体和内容中没有外国因素，只涉及国内贸易方面的争议。涉外仲裁中的双方当事人一般一方为本国企业、公司或其他经济组织，而另一方为外国的公司、企业或其他经济组织。

（2）普通仲裁和特殊仲裁。普通仲裁是指由非官方仲裁机构对民事、商事争议所进行的仲裁，包括大多数国家的国内民商事仲裁和国际贸易与海事仲裁。特殊仲裁是指由官方机构依据行政权力而不是依据仲裁协议所进行仲裁，它是由国家行政机关所实施的仲裁。

（3）临时仲裁和机构仲裁。临时仲裁是指事先不存在常设仲裁机构，当事人根据仲裁协议商定将某一争议提交给某一个或几个人作为仲裁员进行审理和裁决。争议解决之后，仲裁组织不再存在。机构仲裁是指事先存在常设仲裁机构，当事人根据协议将争议提交给它审理和裁决。机构仲裁有固定的组织，而且通常是按自己的仲裁规则实施仲裁程序。

（四）仲裁的范围

仲裁法明确规定：仲裁适用于平等主体的公民、法人和其他组织之间发生的合同纠纷和其他财产权益纠纷。具体来说，应从以下两个方面来理解：①仲裁事项必须是合同纠纷和其他财产性法律关系的争议，非讼案件和非财产性纠纷，不能进行仲裁。例如，婚姻、收养、监护、抚养、继承等与人身权有关的案件不能进行仲裁。②仲裁事项必须是平等主体之间发生的且当事人有权处分的财产权益纠纷，由强制性法律规范调整的法律关系的争议不能进行仲裁。因此，依法应当由行政机关处理的行政争议，应排除在仲裁范围之外。

（五）仲裁协议

仲裁协议是双方当事人达成的将已发生或可能发生的一定法律关系的争议提交仲裁，并服从裁决的约束的一种契约。仲裁协议是仲裁制度的基石。如果没有仲裁协议，那么严格意义上的仲裁制度是不存在的。

（1）仲裁协议的要件。仲裁协议的要件包括形式要件和实质要件。形式要件就是仲裁协议必须具备书面形式，当事人既可以在合同中订立仲裁条款，也可以在纠纷发生前后，以其他书面形式达成申请仲裁的协议。仲裁协议要写明提交仲裁的事项和选定的仲裁组织的名称，同时还应包括请求仲裁的意思表示。实质要件要求：①当事人必须有缔约能力；②意思表示必须真实；③当事人约定的仲裁事项不得超出法律规定的仲裁范围。

（2）仲裁协议的效力。仲裁协议一经双方当事人签字即合法成立。对于当事人来说，仲裁协议为当事人设定了一定义务，即把争议提交仲裁并不能任意更改、中止或撤销仲裁协议；同时，发生争议时，任何一方只能将争议提交仲裁，而不能向法院起诉。

（六）仲裁程序

一个完整的仲裁程序应包括如下几个阶段。

1. 申请与受理

申请仲裁必须符合下列条件：首先，当事人在合同中订立有仲裁条款或事后达成书面仲裁协议；其次，必须有明确的被诉人、具体的仲裁请求、理由；最后，申请仲裁的事项属于法律允许仲裁组织的受理范围。仲裁申请应写明申请者的详细情况、仲裁请求和所根据的事实、理由以及证据和证据来源、证人姓名和住所。仲裁委员会收到仲裁申请书后，经审查，认为符合申请仲裁条件的，应当在 5 日内受理，并通知当事人；认为不符合受理条件的，应当在 5 日内通知当事人不予受理，并说明理由。

2. 组成仲裁庭

仲裁庭可以由三名仲裁员或者一名仲裁员组成。由三名仲裁员组成的，设首席仲裁员。当事人约定由三名仲裁员组成仲裁庭的，应当各自选定或者各自委托仲裁委员会主任指定一名仲裁员。第三名仲裁员是首席仲裁员，由当事人共同选定或者共同委托仲裁委员会主任指定。仲裁庭组成后，仲裁委员会应当将仲裁庭的组成情况书面通知当事人。

3. 开庭和裁决

①开庭。仲裁以开庭和不公开为原则。当事人协议不开庭或者协议公开的，依协议的约定。但是对于涉及国家机密的案件，当事人不得以协议约定公开进行。

②举证。当事人应当对自己的主张提供证据。仲裁庭认为有必要时，可以自行搜集证据。

③辩论。当事人有权在仲裁过程中进行辩论。辩论终结时，首席仲裁员或者独任仲裁员应当征得当事人的最后意见，并记入仲裁笔录。

④调解。在作出仲裁裁决前，仲裁庭可以根据当事人的申请或者依职权调解。调解达成协议的，应制作调解书或者根据协议的结果制作仲裁决定。调解书经双方当事人签收后，即与裁决书有同等的法律效力。

⑤和解。当事人在申请仲裁后，可以自行和解。达成和解协议的，可以请求仲裁庭根据和解协议作出裁决书，也可以撤回仲裁申请。

⑥裁决。裁决按照多数仲裁员的意见作出，少数仲裁员的不同意见可以记入笔录。仲裁庭不能形成多数意见的，裁决应当按首席仲裁员的意见作出。

（七）人民法院对仲裁的支持与监督

人民法院通过民事诉讼程序采取强制措施，确保仲裁的顺利进行；依法维持生效仲裁裁决，以维护仲裁的权威性，并使仲裁裁决得以最终实现。

根据民诉法和仲裁法的规定，人民法院对仲裁进行监督有4种形式。

（1）对仲裁协议效力进行确认。当事人对仲裁协议的效力有异议的，可以请求人民法院作出裁定；如果一方当事人请求仲裁机构作出决定，另一方当事人请求人民法院裁定的，由人民法院作出最终裁定。

（2）撤销仲裁裁决。仲裁庭作出裁决后，如果具有法律规定的可撤销情形，人民法院有权裁定撤销仲裁裁决。

（3）通知重新仲裁。在一定条件下，人民法院可以要求仲裁庭对已经作出裁决的案件重新进行仲裁。仲裁法第 61 条规定：人民法院受理撤销裁决的申请后，认为可以由仲裁庭重新仲裁的，通知仲裁庭在一定期限内重新仲裁，并裁定中止撤销程序。仲裁庭拒绝重新仲裁的，人民法院应当裁定恢复撤销程序。

（4）不予执行仲裁裁决。不予执行仲裁裁决是指一方当事人向法院申请强制执行仲裁裁决后，人民法院根据被申请人提出的证据或依职权进行审查，认为仲裁裁决具有法律规定的情形的，可以裁定不予执行。

二、调解制度

调解制度是指经过第三者的排解疏导，说服教育，促使发生纠纷的双方当事人依法自愿达成协议，解决纠纷的一种活动。它已形成了一个调解体系，主要的有以下 3 种。

（一）人民调解

人民调解即民间调解，是人民调解委员会对民间纠纷的调解，属于诉讼外调解。目前规范人民调解工作的法律依据，主要是《中华人民共和国宪法》《中华人民共和国民事诉讼法》《人民调解委员会组织条例》以及《人民调解工作若干规定》等法律法规。

人民调解委员会是调解民间纠纷的群众性组织。它可以采用下列形式设立。

①农村村民委员会、城市（社区）居民委员会设立的人民调解委员会；②乡镇、街道设立的人民调解委员会；③企业事

业单位根据需要设立的人民调解委员会；④根据需要设立的区域性、行业性的人民调解委员会。

人民调解员是经群众选举或者接受聘任，在人民调解委员会领导下，从事人民调解工作的人员。人民调解委员会委员、调解员，统称人民调解员。人民调解委员会由委员三人以上组成，设主任一人，必要时可以设副主任。多民族聚居地区的人民调解委员会中，应当有人数较少的民族的成员。人民调解委员会中应当有妇女委员。担任人民调解员的条件是：为人公正，联系群众，热心人民调解工作，具有一定法律、政策水平和文化水平。乡镇、街道人民调解委员会委员应当具备高中以上文化程度。人民调解员任期3年，每3年改选或者聘任一次，可以连选连任或者续聘。

人民调解委员会调解的民间纠纷，包括发生在公民与公民之间、公民与法人和其他社会组织之间涉及民事权利义务争议的各种纠纷。人民调解委员会不得受理调解下列纠纷：①法律、法规规定只能由专门机关管辖处理的，或者法律、法规禁止采用民间调解方式解决的；②人民法院、公安机关或者其他行政机关已经受理或者解决的。

人民调解委员会可以根据纠纷当事人的申请，受理调解纠纷；当事人没有申请的，也可以主动调解，但当事人表示异议的除外。人民调解委员会调解民间纠纷不收费。在人民调解活动中，纠纷当事人享有下列权利：①自主决定接受、不接受或者终止调解；②要求有关调解人员回避；③不受压制强迫，表达真实意愿，提出合理要求；④自愿达成调解协议。

（二）法院调解

这是人民法院对受理的民事案件、经济纠纷案件和轻微刑事案件进行的调解，是诉讼内调解。对于婚姻案件，诉讼内调解是必经的程序。至于其他民事案件是否进行调解，取决于当事人的自愿，调解不是必经程序。法院调解书与判决书有同等效力。

（三）行政调解

行政调解是国家行政机关处理行政纠纷的一种方法。国家行政机关根据法律规定，对属于本机关职权管辖范围内的行政纠纷，通过耐心的说服教育，使纠纷的双方当事人互相谅解，在平等协商的基础上达成一致协议，从而合理地、彻底地解决纠纷矛盾。

行政调解主要包括4类：一是基层人民政府对民事纠纷和轻微刑事案件进行的调解；二是合同管理机关依据《合同法》规定，对合同纠纷进行的调解；三是公安机关依据《治安管理处罚法》和《道路交通安全法》等规定，对部分治安和交通事故案件进行的调解；四是婚姻登记机关依据《婚姻法》规定，对婚姻双方当事人进行的调解。